U0384522

碳排放权交易
培训教材

王志轩 潘 荔 张建宇 张晶杰 杨 坤 等 编著

中国环境出版集团·北京

图书在版编目（CIP）数据

碳排放权交易培训教材/王志轩等编著. —北京：
中国环境出版集团，2022.5
ISBN 978-7-5111-5150-6

Ⅰ. ①碳⋯ Ⅱ. ①王⋯ Ⅲ. ①二氧化碳—排污
交易—中国—技术培训—教材 Ⅳ. ①X511

中国版本图书馆 CIP 数据核字（2022）第 078509 号

出 版 人　武德凯
责任编辑　黄　颖
文字编辑　梅　霞
责任校对　薄军霞
封面设计　岳　帅

出版发行　**中国环境出版集团**
　　　　　（100062　北京市东城区广渠门内大街 16 号）
　　　　　网　　址：http://www.cesp.com.cn
　　　　　电子邮箱：bjgl@cesp.com.cn
　　　　　联系电话：010-67112765（编辑管理部）
　　　　　发行热线：010-67125803，010-67113405（传真）
印　　刷　天津科创新彩印刷有限公司
经　　销　各地新华书店
版　　次　2022 年 5 月第 1 版
印　　次　2022 年 5 月第 1 次印刷
开　　本　787×1092　1/16
印　　张　20.5
字　　数　334 千字
定　　价　128.00 元

内容提要

为落实党中央、国务院关于建设全国碳排放权交易市场的决策部署，在应对气候变化和促进绿色低碳发展中充分发挥市场机制的作用，加快推进全国碳排放权交易市场的建设，规范全国碳排放权交易及相关活动，普及碳排放权交易相关知识显得尤为重要。为更好地帮助碳市场主体开展碳交易能力建设，由碳市场相关专家、研究人员编写的本教材系统地介绍了应对气候变化的国际社会共识及行动，分析了我国应对气候变化战略、政策、措施及碳排放权交易工作原理，从数据质量管理、配额分配、交易制度、清缴履约和抵销机制5个方面讲解了我国碳排放权交易体系，并在具体的碳交易方法和碳资产管理等方面提出了指导意见。本教材可供控排企业中从事碳排放权交易的工作人员参考，也可供相关领域的政府工作人员或高等院校相关专业的师生阅读。

本教材是在《碳排放权交易（发电行业）培训教材》（以下简称发电行业版）的基础上补充优化而成的。发电行业版的部分内容曾作为碳排放权交易内部培训资料供生态环境部2019年开展的8期17场约6 000人次的"碳市场配额分配和管理系列培训班"培训使用，且得到了参训人员的一致认可。2020 年 2 月，发电行业版正式出版，并在全国碳市场建设的能力建设培训中发挥了重要作用。

2020 年 12 月，生态环境部发布了《2019—2020 年全国碳排放权交易配额总量设定与分配实施方案（发电行业）》《碳排放权交易管理办法（试行）》。本教材根据新情况、新要求、新问题，在发电行业版的基础上进行了补充、修订、完善。

《碳排放权交易培训教材》
编写组

王志轩　潘　荔　张建宇　张晶杰　杨　坤

王　羽　赵小鹭　魏子杰　郑　悦　张　杲

王　昊　张念武　石丽娜　杨　帆　郭慧东

雷雨蔚　林　凡　杨　妮　张　轲

缩略语

（按英文字母顺序排列）

CCER	China Certified Emission Reduction 国家核证自愿减排量
CCS	Carbon Capture and Storage 碳捕集与封存
CCUS	Carbon Capture，Utilization and Storage 碳捕集、利用与封存
CDM	Clean Development Mechanism 清洁发展机制
CER	Certified Emission Reduction 经核证的减排量
COP	Conference of the Parties 缔约方大会
ERU	Emission Reduction Unit 排放减量单位
EU-ETS	European Union Emission Trading System 欧盟碳排放交易体系
GHG	Greenhouse Gas 温室气体
GWP	Global Warming Potential 全球增温潜能
IET	International Emissions Trading 国际排放贸易机制
IGCC	Integrated Gasification Combined Cycle 整体煤气化联合循环发电
IPCC	Intergovernmental Panel on Climate Change 联合国政府间气候变化专门委员会
JI	Joint Implementation 联合履约机制
MRV	Monitoring Reporting Verification 监测、报告与核查
NDC	The Intended Nationally Determined Contributions 国家自主贡献
RGGI	Regional Greenhouse Gas Initiative 区域温室气体减排行动
UNEP	United Nations Environment Programme 联合国环境规划署
UNFCCC	*United Nations Framework Convention on Climate Change* 《联合国气候变化框架公约》
WMO	World Meteorological Organization 世界气象组织

前　言

　　碳排放权交易内部培训资料从 2018 年开始编制，经过 2018 年 9 月 5 日在"发电行业参与全国碳排放权交易市场动员部署会暨培训会"，以及 2019 年在生态环境部应对气候变化司举办的"碳市场配额分配和管理系列培训班"的试用，在此基础上，形成了《碳排放权交易（发电行业）培训教材》（以下简称发电行业版），于 2020 年 2 月正式出版。如今，随着我国碳市场相关政策的不断出台，本教材在发电行业版的基础上根据全国碳市场建设的进展进行了完善和拓展，以期更好地推动全国碳市场能力建设、促进碳市场健康发展。

　　2020 年 9 月 22 日，中国国家主席习近平在第七十五届联合国大会一般性辩论上提出："中国将提高国家自主贡献力度，采取更加有力的政策和措施，二氧化碳排放力争于 2030 年前达到峰值，努力争取 2060 年前实现碳中和。"2021 年 4 月 22 日，中国国家主席习近平在领导人气候峰会的讲话中进一步提出：中国将碳达峰、碳中和纳入生态文明建设整体布局，正在制定碳达峰行动计划，广泛深入开展碳达峰行动……还将启动全国碳市场上线交易。

　　经过多年的努力，《碳排放权交易管理办法（试行）》（生态环境部令　第 19 号）发布，配额分配、交易和注册登记管理、数据管理等配套办法也相继出台。2021 年 7 月 16 日，中共中央政治局常委、国务院副总理韩正出席全国碳排放权交易市场上线交易启动仪式，宣布全国碳市场上线交易正式启动。全国碳市场覆盖发电行业的控排企业共计 2 162 家，覆盖二氧化碳排放量约为 45 亿 t。

在此背景下编写的本教材与发电行业版相比，有以下新特点：第一篇中，根据政府间气候变化专门委员会（IPCC）发布的气候变化新情况，以及《中共中央 国务院 关于完整准确全面贯彻新发展理念 做好碳达峰碳中和工作的意见》、《中华人民共和国国民经济和社会发展第十四个五年规划和二〇三五年远景目标纲要》、国务院印发的《2030 年前碳达峰行动方案》和中国向《联合国气候变化框架公约》秘书处正式提交的《中国落实国家自主贡献成效和新目标新举措》等文件中的新要求，更新了中国应对气候变化战略相关内容；第二篇中，依据国家发布的有关碳市场管理办法、配额分配方案、报告核查指南等政策文件，完善了相关内容；第三篇中，将有关电力行业低碳发展的现状描述内容更新至 2020 年，并依据新发布的《企业温室气体排放核算方法与报告指南 发电设施（2021 年修订版）》要求修订了企业交易实务内容。另外，本教材除扩充了缩略语、名词解释等基础知识外，还新增了国际碳市场的进展情况。特别值得一提的是，碳市场上线交易后系统操作是关键工作环节，本教材在交易实务中向读者提供了参考性较强的实操案例。

中国全国碳排放权交易市场的建设是一项重大的制度创新，也是一项复杂的系统工程，需要不断根据变化的情况进行调整，教材也应与时俱进不断完善。在本书出版之际，全国碳市场上线交易将满一年，我们将不断搜集交易主体、读者的意见，认真总结经验，并适时对教材做进一步完善。恳请读者批评指正，多提出宝贵意见！

本书编写组

2022 年 3 月

目 录

第一篇
中国应对气候变化战略

Carbon

1　国际社会共识及行动

1.1　气候变化的事实

气候变化（climate change），即气候状态相关量的平均状态在某一期间内统计学意义上的明显改变。根据 2013 年 9 月 27 日，在瑞典首都斯德哥尔摩发布的联合国政府间气候变化专门委员会（Intergovernmental Panel on Climate Change，IPCC）第五次评估第一工作组报告《气候变化 2013：自然科学基础》（*Climate Change 2013: The Physical Science Basis*）及决策者摘要，全球气候系统变暖的事实是毋庸置疑的。自 1950 年以来，气候系统观测到的许多变化是过去几十年甚至近千年以来史无前例的。全球几乎都经历了升温过程，变暖体现在地球表面气温和海洋温度的上升、海平面的上升、格陵兰及南极冰盖消融和冰川退缩、极端气候事件的频率增加等方面。全球地表持续升温，1880—2012 年全球平均温度已升高 0.85℃（0.65～1.06℃）。在北半球，1983—2012 年可能是近 1 400 年来气温最高的 30 年。特别是 1971—2010 年海洋变暖所吸收的热量占地球气候系统热能储量的 90%以上，海洋上层（0～700 m）已经变暖。与此同时，1979—2012年北极海冰面积以 3.5%～4.1%每 10 年的速度减少；自 20 世纪 80 年代初以来，大多数地区多年冻土层的温度已升高。近百年来，全球气候正在发生以变暖为主要特征的变化（图 1-1）。

相关知识

气候变化（climate change）：气候状态的变化，这种变化可根据气候特征的均值和/或变率的变化进行识别（如采用统计检验方法），而且这种变化会持续一段时间，通常为几十年或更长时间。气候变化可能归因于自然的内部过程或外部强迫，如太阳活动周期的改变、火山喷发以及人类活动对大气成分或土地利用的持续改变。《联合国气候变化框架公约》（UNFCCC）第一条将气候变化定义为"直接或间接地归因于人类活动的气候变化，而人类活动改变了全球大气成分，这种气候变化是同期观测到的自然气候变异之外的变化"。因此，UNFCCC 明确区分了可归因于人类活动改变大气成分后的气候变化和可归因于自然原因的气候变化。

来源：《气候变化 2014：减缓气候变化》，联合国政府间气候变化专门委员会第五次评估第三工作组报告，附录：术语、缩略语和化学符号。

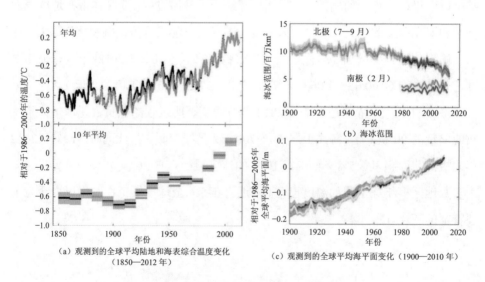

（a）观测到的全球平均陆地和海表综合温度变化
（1850—2012 年）

（b）海冰范围

（c）观测到的全球平均海平面变化（1900—2010 年）

图 1-1　观测到的全球气候系统变化的多项指标

来源：IPCC 第五次评估报告《气候变化 2014：综合报告》。

2021 年 4 月 19 日,世界气象组织(World Meteorological Organization,WMO)发布《2020 年全球气候状况》(*State of the Global Climate 2020*)报告。该报告记录了气候系统多个指标的变化,包括温室气体浓度、不断上升的陆地和海洋温度、海平面上升、冰川消融和极端天气等,并强调了这些变化对经济社会发展、迁移和流离失所、粮食安全,以及陆地和海洋生态系统的影响。报告所提供的所有关键气候指标及相关影响信息都在强调,持续的气候变化、极端天气气候事件的发生频率和强度增加以及其带来的重大损失和破坏,都在影响着人类、经济和社会发展。

海洋持续变暖

联合国教科文组织政府间海洋学委员会指出,海洋酸化和含氧量下降在持续,影响着生态系统、海洋生物和渔业。

2019 年海洋热含量为有记录以来最高水平,2020 年可能延续了这一趋势。过去 10 年海洋变暖速度高于长期平均水平,这表明海洋在不断吸收温室气体捕获的热量。2020 年,超过 80% 的海域至少经历了一次海洋热浪。全球平均海平面继续上升。近年来,海平面一直以更快的速度上升,部分原因是格陵兰冰盖和南极冰盖加速融化。

冰冻圈风险加大

自 20 世纪 80 年代中期以来,北极气温的升高速度至少是全球平均气温水平的两倍。2020 年北极夏季海冰覆盖面积最低值达 374 万 km^2,这是有记录以来第二次缩减到不足 400 万 km^2。2020 年 7 月和 10 月观测到创纪录的低海冰覆盖面积。

格陵兰冰盖质量继续损失。尽管表面质量平衡接近长期平均水平,但冰山崩解造成的冰损失是 40 年卫星记录的高点。2019 年 9 月至 2020 年 8 月,格陵兰冰盖的冰损失约为 1 520 亿 t。南极海冰覆盖范围仍接近长期平均水平,然而,自 20 世纪 90 年代末以来,南极冰盖呈现出明显的质量损失趋势。

洪水和干旱事件频发

2020 年，非洲和亚洲大部分地区发生暴雨和大范围洪水。暴雨和洪水影响了萨赫勒和大非洲之角大部分地区，引发沙漠蝗虫爆发。印度次大陆及周边地区、中国、韩国、日本以及东南亚部分地区在这一年不同时期降水量均异常偏高。2020 年，严重干旱影响了南美洲内陆许多地区，其中受灾最严重的是阿根廷北部、巴拉圭和巴西西部边境地区。干旱在非洲南部部分地区持续，尤其是南非北开普省和东开普省。

多地气温突破历史最高纪录

在西伯利亚北极的广大地区，2020 年气温较以往平均水平高出 3℃以上，维尔霍扬斯克镇的气温达到创纪录的 38℃，随之而来的是长时间的大范围野火。在美国，夏末和秋季发生了有记录以来最大的火灾。2020 年 8 月 16 日，加利福尼亚死亡谷气温达到 54.4℃，这是过去至少 80 年以来全球已知的最高温度。在加勒比地区，4 月和 9 月发生了大型热浪事件。

2020 年年初，澳大利亚打破了其高温纪录，其中彭里斯气温达 48.9℃，是悉尼西部澳大利亚大都市区观测到的最高温度。东亚部分地区夏季十分炎热。2020 年夏季，欧洲经历了干旱和热浪，不过强度不及 2018 年和 2019 年。

北大西洋飓风季命名风暴生成数量为历史最多

2020 年北大西洋飓风季共生成 30 个命名风暴，是有记录以来生成命名风暴数量最多的一年。登陆美国的风暴数量达到 12 个，打破了之前 9 个的纪录。该飓风季的最后一个风暴"约塔"是最强的风暴，在中美洲登陆前强度达到 5 级。2020 年 5 月 20 日在印度和孟加拉边境附近登陆的气旋"安攀"是北印度洋有记录以来造成损失最大的热带气旋，印度报告的经济损失约达 140 亿美元。该热带气旋季最强的热带气旋是台风"天鹅"。2020 年 11 月 1 日，它穿过菲律宾北部，最初登陆时 10 min 平均风速达 220 km/h（或更高），成为有记录以来最强登陆台风之一。

疫情加重气候相关灾害风险

根据红十字会与红新月会国际联合会的数据，2020 年有 5 000 多万人受到气候相关灾害（洪水、干旱和风暴）以及新冠肺炎疫情的双重打击。这使得粮食不安全状况恶化，并给与高影响事件相关的疏散、恢复和救援行动增加了另一层风险。

粮食不安全程度在经过几十年的减轻后，自 2014 年起又再次加重，驱动因素是冲突、经济衰退、气候变化和极端天气事件。2019 年，将近 6.9 亿人（全球人口的 9%）营养不良，约有 7.5 亿人（全球人口的近 10%）面临严重的粮食不安全状况。

据统计，2010—2019 年，天气相关事件平均每年造成 2 310 万人流离失所。2020 年上半年，受水文气象灾害主要影响，大约 980 万人流离失所，并且主要集中在南亚、东南亚以及非洲之角地区。

2021 年 8 月 9 日，IPCC 第六次评估第一工作组报告《气候变化 2021：自然科学基础》显示，自 1850 年以来，全球地表平均温度已上升约 1℃，并指出从未来 20 年的平均温度变化来看，全球温升预计将达到或超过 1.5℃。该报告对未来几十年内超过 1.5℃的全球升温水平的可能性进行了新的估计，指出除非立即、迅速和大规模地减少温室气体排放，否则将升温限制在接近 1.5℃，甚至是 2℃将是无法实现的。在未来几十年里，所有地区的气候变化问题都将加剧。报告显示，全球温升 1.5℃时，热浪将增加，暖季将延长，而冷季将缩短；全球温升 2℃时，极端高温将更频繁地达到农业生产和人体健康的临界耐受阈值。

温室气体和温室效应

温室气体（greenhouse gas，GHG）：大气中吸收和重新放出红外辐射的自然和人为的气态成分。

《蒙特利尔破坏臭氧层物质管制议定书》规定了温室气体还涉及卤烃和其他含氯和含溴的物质。《联合国气候变化框架公约的京都议定书》（以下简称《京都议定书》）规定了二氧化碳（CO_2）、甲烷（CH_4）、氧化亚氮（N_2O）、氢氟碳化物（HFCs）、全氟化碳（PFCs）、六氟化硫（SF_6）六种温室气体。多哈会议（会议介绍见 1.3 应对气候变化的国际治理框架）通过的《京都议定书》修正案规定了第七种温室气体三氟化氮（NF_3）。

温室效应（greenhouse effect）：地表吸收太阳短波辐射后，向外放出长波红外辐射，温室气体有效地吸收地球表面、大气自身和云散射的热红外辐射，并将热量捕获在地表–对流层系统内，造成地球表面温度升高的现象。温室效应包括天然温室效应和增强温室效应。

天然温室效应（natural greenhouse effect）：大气中的一些微量气体，如水汽、二氧化碳等，能够吸收来自地面、大气和云层的部分红外辐射，并向外发射红外辐射。由于这些微量气体发射的红外辐射朝各个方向，其中有一部分辐射返回地面，结果是将能量阻截在低层大气中，使地面温度升高。天然温室效应为人类和大多数动植物提供适合生存的温度。

增强温室效应（enhanced greenhouse effect）：工业革命以后，由于人类生产和社会活动的不断加强，温室气体浓度增加，使大气红外辐射浊度上升，从而导致有效辐射从温度较低但高度较高处射入太空，以致形成一种辐射强迫，从而导致温室效应增强。

来源：《碳排放权交易管理办法（试行）》（生态环境部令　第 19 号）；《中国电力百科全书（第三版）·综合卷》，中国电力出版社，2014。

1.2 气候变化的成因及增温潜能值

工业革命以来，人类活动特别是发达国家在工业化过程中大量排放温室气体，是当前全球气候变化的主要因素。人们焚烧化石矿物或砍伐森林，其焚烧产生的二氧化碳进入地球大气层。如果人类不采取减少温室气体排放的措施，未来全球温室气体排放增长预期将继续由全球人口和经济增长驱动。在不考虑额外减缓行动的情景下，全球 2100 年的平均表面温度相对工业化前（1850—1900 年）将升高 $3.7 \sim 4.8\,℃$。

不同温室气体对全球气候变暖的增温效果是不同的，主要是因为不同温室气体的辐射强迫大小和在大气中的寿命长短不同。辐射强迫是量化气候变化驱动因子驱动作用的指标，正辐射强迫导致变暖，负辐射强迫导致变冷。

相对于 1750 年，2011 年人类活动引起的辐射强迫变化为 2.29（$1.13 \sim 3.33$）W/m^2。CO_2、CH_4 等具有较长大气寿命且可以在对流层内均匀混合的温室气体产生了较大的正辐射强迫，即对全球变暖的贡献较大。IPCC 第四次评估报告中 CH_4 排放引起的辐射强迫变化为 0.48（$0.43 \sim 0.53$）W/m^2。在 IPCC 第五次评估报告中，考虑到 CH_4 与其他温室气体的复合效应，辐射强迫变化的评估结果为 0.97（$0.74 \sim 1.2$）W/m^2；CO、NO_x 等短寿命温室气体对全球变暖有一定的贡献；气溶胶总体上具有减缓全球变暖的作用（$-0.27\ W/m^2$），各种气溶胶的作用不同，如黑炭引起正辐射强迫，而硫酸盐等引起负辐射强迫；气溶胶引起的云量变化减缓了全球变暖。

为了统一度量不同温室气体对气候变化影响的大小，采用"全球增温潜能"（global warming potential，GWP）值来评价。GWP 值是把单位质量二氧化碳（CO_2）的温室效应作为一把"尺子"来度量其他温室气体效应。将 CO_2 的温室效应作为"1"（GWP 值为 1），与 CO_2 同等质量的另一种温室气体如果温室效应是 CO_2 的 x 倍，则 GWP 值即为 x。由于不同温室气体效应还与其在大气中的寿命有关，在实际应用中一般以 100 年作为比较的时间尺度，如果没有特殊说明，则温室气体的 GWP 值表示在 100 年的时间尺度中温室效应的大小。GWP 值是通过伯尔尼碳循环模型计算出来的。随着伯尔尼碳循环模型的修正，GWP 值可能会有变化。如 IPCC 第四次评估报告中 CH_4 的 GWP 值是 25，而 1995 年 IPCC 第二次评估报告中 CH_4 的 GWP 值为 21。因此，在实际应用或者引用时，一是要注明引用文献及时间，二是要清楚 GWP 值是相对于 CO_2 的温室效应大小而言的。随着对 CO_2 温室效应研究的深化以及伯尔尼碳循环模型的演进，CO_2 温室效应这把"尺子"本身也会有变化。因此，不同条件下得到的相同数值的温室气体GWP 值，并不一定说明其具有相同的温室气体效应。

相关知识

碳循环和伯尔尼碳循环模型

碳循环（carbon cycle）：用于描述碳（以各种形式，如 CO_2）流经大气、海洋、陆地和海洋生物圈以及岩石圈的过程。全球碳循环的基准单位是 Gt CO_2 或 Gt C（10 亿 t 碳=1 Gt C=10^{15} g C，相当于 3.667 Gt CO_2）。

来源：IPCC 第五次评估报告《气候变化 2014：综合报告》

伯尔尼碳循环模型（Bern Carbon Cyele Model）：用于研究人为的 CO_2 排放量与大气中的 CO_2 浓度间的关系，以及前者与在地球的辐射平衡中产生表面温度信号的瞬态响应扰动间的关系。伯尔尼碳循环模型于 1996 年首次被 IPCC SAR（Second Assessment Report）定义为 CO_2 情况分析的标准和计算全球变暖潜值的标准，并于 2001 年出版了 Bern 碳循环模式的修正版。

来源：陈佳君. 全球变暖潜能值的计算及其演变[J]. 船舶与海洋工程，2014（2）：5.

当前普遍采用的是 IPCC 第二次评估报告中的温室气体 GWP 值，见表 1-1。

表1-1　不同温室气体的全球增温潜能值（GWP 值）

名称	化学式	在大气中的寿命/a	GWP 值（时间尺度）		
			20 年	100 年	500 年
二氧化碳	CO_2	不确定[§]	1	1	1
甲烷[*]	CH_4	12±3	56	21	6.5
氧化亚氮	N_2O	120	280	310	170
氢氟碳化物	CHF_3	264	9 100	11 700	9 800
	CH_2F_2	5.6	2 100	650	200
	CH_3F	3.7	490	150	45
	$C_5H_2F_{10}$	17.1	3 000	1 300	400
	C_2HF_5	32.6	4 600	2 800	920
	$C_2H_2F_4$	10.6	2 900	1 000	310
	CH_2FCF_3	14.6	3 400	1 300	420
	$C_2H_4F_2$	1.5	460	140	42
	$C_2H_3F_3$	3.8	1 000	300	94
	$C_2H_3F_3$	48.3	5 000	3 800	1 400
	C_3HF_7	36.5	4 300	2 900	950
	$C_3H_2F_6$	209	5 100	6 300	4 700
	$C_3H_3F_5$	6.6	1 800	560	170
六氟化硫	SF_6	3 200	16 300	23 900	34 900
全氟化碳	CF_4	50 000	4 400	6 500	10 000
	C_2F_6	10 000	6 200	9 200	14 000
	C_3F_8	2 600	4 800	7 000	10 100
	C_4F_{10}	2 600	4 800	7 000	10 100
	c-C_4F_8	3 200	6 000	8 700	12 700
	C_5F_{12}	4 100	5 100	7 500	11 000
	C_6F_{14}	3 200	5 000	7 400	10 700

注：[§] 源自伯尔尼碳循环模型。

　　[*] 甲烷的全球升温潜能值包括对流层臭氧和平流层水汽产生的间接影响。

数据来源：气候变化的科学——IPCC（1995）：决策者摘要和技术总结工作组报告第 22 页，https：//unfccc.int/process/transparency-and-reporting/greenhouse-gas-data/greenhouse-gas-data-unfccc/global-warming-potentials。

1.3 应对气候变化的国际治理框架

1.3.1 《联合国气候变化框架公约》

《联合国气候变化框架公约》（*United Nations Framework Convention on Climate Change*，UNFCCC，以下简称《公约》）是 1992 年 5 月 9 日联合国政府间气候变化专门委员会就气候变化问题通过的一项公约，在 1992 年 6 月举行的联合国环境与发展会议期间开放签署，于 1994 年 3 月 21 日正式生效。《公约》由序言及 26 条正文组成，是世界上第一部为全面控制温室气体排放、应对气候变化的具有法律约束力的国际公约，也是国际社会在应对全球气候变化问题上进行国际合作的基本框架。

名词扩展 ▶

联合国政府间气候变化专门委员会（**Intergovernmental Panel on Climate Change，IPCC**）：IPCC 是世界气象组织（**WMO**）及联合国环境规划署（**UNEP**）于 1988 年联合建立的政府间机构。其主要任务是对气候变化科学知识的现状，气候变化对社会、经济的潜在影响以及如何适应和减缓气候变化的可能对策进行评估，其总部设在瑞士日内瓦。

IPCC 下设三个工作组和一个专题组：第一工作组评估气候系统和气候变化的科学问题；第二工作组评估社会经济体系和自然系统对气候变化的脆弱性、气候变化正负两方面的后果和适应气候变化的选择方案；第三工作组评估限制温室气体排放并减缓气候变化的选择方案；国家温室气体清单专题组负责 IPCC 的国家温室气体清单计划。每个工作组（专题组）设两名联合主席，分别来自发展中国家和发达国家，其下设一个技术支持组。

联合国环境与发展会议：联合国于 1992 年 6 月 3—14 日在巴西里约热内卢召开了环境与发展领域中规模最大、级别最高的一次国际会议。183 个国家代表团、70 个国际组织的代表参加了会议；102 位国家元首或政府首脑与会讲话。

会议围绕"环境与发展"这一主题，针对维护发展中国家主权和发展权、发达国家提供资金和技术等问题进行了谈判。会议通过了关于环境与发展的《里约热内卢宣言》，154 个国家签署了《公约》，148 个国家签署了《保护生物多样性公约》。会议还通过了有关森林保护的非法律性文件《关于森林问题的政府声明》。这些会议文件和公约有利于保护全球环境和资源，要求发达国家承担更多的义务，同时也照顾到发展中国家的特殊情况和利益。这次会议使人类环境保护与持续发展进程迈出了重要的一步。

《公约》的目标是减少温室气体排放，减少人为活动对气候系统的危害，减缓气候变化，增强生态系统对气候变化的适应性，确保粮食生产和经济可持续发展。

《公约》的核心内容：

1）确立应对气候变化的最终目标。《公约》第 2 条规定："本公约以及缔约方会议可能通过的任何法律文书的最终目标是：将大气温室气体的浓度稳定在防止气候系统受到危险的人为干扰的水平上。这一水平应当在足以使生态系统能够可持续进行的时间范围内实现。"

2）确立国际合作应对气候变化的基本原则，主要包括"共同但有区别的责任"原则、公平原则、各自能力原则和可持续发展原则等。

3）明确发达国家应承担率先减排和向发展中国家提供资金技术支持的义务。《公约》附件一国家缔约方（发达国家和经济转型国家）应率先减排。附件二国家（发达国家）应向发展中国家提供资金和技术，帮助发展中国家应对气候变化。

4）承认发展中国家有消除贫困、发展经济的优先需要。《公约》承认发展中国家的人均排放仍相对较低，因此在全球排放中所占的份额将增加，经济和社会发展以及消除贫困是发展中国家首要和压倒一切的优先任务。

《公约》的缔约方做出了许多旨在解决气候变化问题的承诺。每个缔约方都必须定期提交专项报告，其内容必须包含该缔约方的温室气体排放信息，并说明为实施《公约》所执行的计划及具体措施。

《公约》根据缔约方国家承担义务的不同，将参加国分为附件一国家和非附件一国家。

附件一国家，即发达国家和经济转型国家。其应承诺编制、定期公布温室气体各种人为排放源和汇的国家清单等信息；制定、执行、公布和经常更新国家减缓气候变化措施等。附件一国家中，部分国家应提供新的和额外的资金，以支付经议定的发展中国家为提供温室气体各种人为排放源和汇的国家清单等信息所产生的全部费用。

名词扩展 ▶

源：向大气排放温室气体、气溶胶或温室气体前体的任何活动过程或活动。

汇：从大气中清除温室气体、气溶胶或温室气体前体的任何过程、活动或机制。

非附件一国家，即发展中国家。发展中国家缔约方能在多大程度上有效履行其在《公约》下的承诺，将取决于发达国家缔约方对其在《公约》下所承担的有关资金和技术转让的承诺的有效履行，并将充分考虑到经济和社会发展及消除贫困是发展中国家缔约方的首要和压倒一切的优先事项。《公约》规定每年举行一次缔约方大会。自首次缔约方大会于 1995 年 3 月 28 日在柏林举行以来，缔约方每年都召开会议。

1.3.2 《京都议定书》

《京都议定书》（Kyoto Protocol）是在 1997 年 12 月于日本京都召开的《公约》第三次缔约方大会上通过的，旨在限制发达国家的温室气体排放量。《京都议定书》是首都限制各国温室气体排放的国际性法规。《京都议定书》于 2005 年 2 月 16 日生效[①]。中国于 1998 年 5 月签署并于 2002 年 8 月核准了《京都议定书》。

《京都议定书》的目标是在 2008 年至 2012 年的第一承诺期，将主要工业发达国家的 CO_2 等 6 种[②]温室气体排放量在 1990 年的基础上平均减少 5.2%。其中，欧盟削减 8%，美国削减 7%，日本削减 6%，加拿大削减 6%，东欧各国削减 5%～8%，新西兰、俄罗斯和乌克兰可将排放量稳定在 1990 年水平上，允许爱尔兰、澳大利亚和挪威的排放量比 1990 年分别增加 10%、8% 和 1%，但并没有对包括中国在内的发展中国家规定具体的减排义务。

2012 年，在多哈气候大会上通过了延长《京都议定书》有效期限的决定。大会决定，2013 年至 2020 年为《京都议定书》第二承诺期。

《京都议定书》的内容主要包括：

1）UNFCCC 附件一国家整体在 2008 年至 2012 年将其年均温室气体排放总量在 1990 年基础上至少减少 5%。欧盟 27 个成员国、澳大利亚、挪威、瑞士、乌克兰等 37 个发达国家缔约方和一个国家集团（欧盟）参加了第二承诺期，整体在 2013 年至 2020 年承诺期内将温室气体的全部排放量在 1990 年水平上至少减少 18%。

2）减排多种温室气体。《京都议定书》规定的减排温室气体有二氧化碳（CO_2）、甲烷（CH_4）、氧化亚氮（N_2O）、氢氟碳化物（HFCs）、全氟化碳（PFCs）和六氟化硫（SF_6）。《〈京都议定书〉多哈修正案》将三氟化氮（NF_3）纳入管控

[①] 《京都议定书》需要在占 1990 年全球温室气体排放量 55% 以上的至少 55 个国家和地区批准之后的第 90 天才能具有法律约束力。

[②] 减排的温室气体包括二氧化碳（CO_2）、甲烷（CH_4）、氧化亚氮（N_2O）、氢氟碳化物（HFCs）、全氟化碳（PFCs）、六氟化硫（SF_6）。

范围，使受管控的温室气体达到 7 种。

3）发达国家可采取"国际排放贸易机制"（International Emissions Trading，IET）、"联合履约机制"（Joint Implementation，JI）和"清洁发展机制"（Clean Development Mechanism，CDM）三种"灵活履约机制"作为完成减排义务的补充手段。其中，IET 和 JI 两种机制是发达国家之间实行的减排合作机制，CDM 是发达国家与发展中国家之间的减排机制，主要由发达国家向发展中国家提供资金或技术，帮助实施温室气体减排。

名词扩展 ▶

第一承诺期：《京都议定书》规定的第一承诺期为 2008 年至 2012 年。议定书对第一承诺期附件一国家的减排目标做出了具体规定，要求这些国家温室气体的人为二氧化碳排放当量总量不超过议定书的量化限制和减排承诺，从而实现全部排放量减排目标。

第二承诺期：《京都议定书》规定的第二承诺期为 2013 年至 2020 年，于 2012 年在多哈气候大会上通过决定。

二氧化碳排放当量：二氧化碳（CO_2）排放当量，是指在特定时间范围内，作为温室气体或者温室气体混合体的排放量，能够产生同样综合辐射强迫的二氧化碳排放量。在特定时间范围内，用温室气体排放量乘以全球增温潜能（GWP）值就可以计算二氧化碳排放当量，单位符号 CO_2e。温室气体混合体的二氧化碳排放当量则是每种气体的二氧化碳排放当量之和。二氧化碳排放当量是比较不同种温室气体排放量时的一个通用尺度，但并非意味着能够产生相应的气候变化响应。

来源：政府间气候变化专门委员会第五次评估第一工作组. 气候变化 2013：自然科学基础[R]. IPCC，2013.

国际排放贸易机制：《公约》附件一国家将其超额完成减排义务的指标以贸易的方式转让给另外一个未能完成减排义务的附件一国家，并同时从转让方允许排放限额上扣减相应转让额度的机制。

联合履约机制：《公约》附件一国家之间通过项目级的合作所实现的减排单位，可以转让给另一发达国家缔约方，同时必须在转让方的分配数量配额上扣减相应额度的机制。

清洁发展机制：《公约》附件一国家通过提供资金和技术的方式与发展中国家开展项目级的合作，通过项目所实现的减排量用于附件一国家完成在《京都议定书》减排目标承诺的机制。

相关知识

多哈气候大会

2012 年 11 月 26 日至 12 月 7 日，《联合国气候变化框架公约》第 18 次缔约方会议暨《京都议定书》第 8 次缔约方会议在卡塔尔首都多哈举行，来自 194 个国家和地区的代表团、学者及非政府组织代表出席。大会的主要议题是争取完成关于《京都议定书》第二承诺期的谈判，并进一步落实坎昆会议和德班会议成果。

● 会议成果

大会决定 2013 年至 2020 年为《京都议定书》第二承诺期，决定还包括资助贫穷国家应对气候变化等模糊的承诺，并确定了之前的一项决定，即在 2015 年前达成新的全球气候协议。

多哈谈判同意作出气候补偿。在一场马拉松式的联合国气候大会结束之际，一项解决气候变化带来的损失和损害的国际进程启动，成为 17 年的气候谈判中的一个重要转折点。此前发达国家一直拒绝启动这一进程，担心这可能让他们面对无限制的赔偿要求。

大会确定了《京都议定书》第二承诺期，达成了推进公约实施的长期合作行动全面成果，坚持了"共同但有区别的责任"原则，维护了《公约》和《京都议定书》的基本制度框架，这是多哈气候大会最重要的成果。

● 《〈京都议定书〉多哈修正案》

《〈京都议定书〉多哈修正案》于 2012 年 12 月 8 日在卡塔尔多哈通过。多哈修正案就《京都议定书》第二承诺期作出安排，为《公约》附件一所列缔约方规定了量化减排指标，使其整体在 2013 年至 2020 年承诺期内将温室气体的全部排放量在 1990 年水平上至少减少 18%。

《〈京都议定书〉多哈修正案》是国际社会艰苦谈判的成果，维护了《公约》原则，特别是"共同但有区别的责任"原则、公平原则和各自能力原则，延续了《京都议定书》的减排模式，实现了第一承诺期和第二承诺期法律上的无缝链接。

2014 年 6 月 3 日，中国常驻联合国副代表王民向联合国秘书长交存了中国政府接受《〈京都议定书〉多哈修正案》的接受书。2020 年 10 月 2 日，牙买加和尼日利亚宣布批准《〈京都议定书〉多哈修正案》，这意味着多哈修正案将在 90 天之后生效。

1.3.3 《巴黎协定》

2015 年 11 月 30 日至 12 月 11 日，《公约》第 21 次缔约方大会（UNFCCC COP 21）暨《京都议定书》第 11 次缔约方大会在法国巴黎举行，大会最终达成《巴黎协定》，并对 2020 年后全球应对气候变化国际机制作出安排。

2018 年 12 月 2 日至 14 日，《公约》第 24 次缔约方大会（UNFCCC COP24）、《京都议定书》第 14 次缔约方大会及《巴黎协定》第 1 次缔约方会议第 3 阶段会议在波兰卡托维兹举行。会议按计划通过《巴黎协定》实施细则一揽子决议，就如何履行《巴黎协定》"国家自主贡献"及其减缓、适应、资金、技术、透明度、遵约机制、全球盘点等实施细节作出具体安排，就履行协定相关义务分别制定细化导则、程序和时间表等，就市场机制等问题形成程序性决议。《巴黎协定》规则手册获得通过，各国将遵守同样的原则来测算和报告各自的气候行动。

2019 年 12 月 2 日至 13 日，《公约》第 25 次缔约方大会（UNFCCC COP25）在西班牙首都马德里举行。马德里大会是《巴黎协定》全面实施前的一次重要会议，旨在落实《公约》和 2015 年签署的《巴黎协定》，主要解决实施细则遗留问题。大会对 2020 年前盘点、适应、气候资金、技术转让和能力建设、支持等议题展开了讨论。

截至 2021 年 3 月，《巴黎协定》签署方达 195 个，缔约方达 191 个。中国于 2016 年 4 月 22 日签署《巴黎协定》，并于 2016 年 9 月 3 日批准《巴黎协定》。2016 年 11 月 4 日，《巴黎协定》正式生效。

《巴黎协定》共 29 条，包括目标、减缓、适应、损失损害、资金、技术、能力建设、透明度、全球盘点等内容，《巴黎协定》的签订标志着全球应对气候变化进入新阶段，重点有：

1）长期目标。重申 2℃的全球温升控制目标，同时提出要努力实现 1.5℃的目标，并且提出在 21 世纪下半叶实现温室气体人为排放与清除之间的平衡。

2）国家自主贡献。各国应制定、通报并保持其"国家自主贡献"，通报频率是每五年一次。新的贡献应比上一次贡献有所加强，并反映该国可实现的最大力度，同时反映该国共同但有区别的责任和能力。

3）减缓。要求发达国家继续提出全经济范围绝对量减排目标，鼓励发展中国家根据自身国情逐步向全经济范围绝对量减排或限排目标迈进。

4）资金。明确发达国家要继续向发展中国家提供资金支持，鼓励其他国家在自愿基础上出资。

5）透明度。建立"强化"的透明度框架，重申遵循非侵入性、非惩罚性的原则，并为发展中国家提供灵活性。透明度的具体模式、程序和指南将由后续谈判制订。

6）全球盘点。每五年进行定期盘点，推动各方不断提高行动力度，并于 2023 年进行首次全球盘点。

从全球气候治理上来看,《巴黎协定》的最大贡献在于明确了全球共同追求的"硬指标"。只有全球尽快实现温室气体排放达到峰值,21世纪下半叶实现温室气体净零排放,才能降低气候变化给地球带来的生态风险以及给人类带来的生存危机。

《巴黎协定》推动各方以"自主贡献"的方式参与全球应对气候变化行动,积极向绿色可持续的增长方式转型;促进发达国家继续带头减排并加强对发展中国家提供财力支持,在技术周期的不同阶段强化技术发展和技术转让的合作行为,帮助后者减缓和适应气候变化;通过市场和非市场双重手段和国际间合作,开展适宜的减缓、顺应、融资、技术转让和能力建设等。

1.4 全球温室气体减排目标

在人为影响因素中,向大气中排放 CO_2 是气候变暖的主要因素。2014 年 4 月在德国柏林通过并发布的 IPCC 第五次评估第三工作组报告《气候变化 2014:减缓气候变化》中强调,"尽管已经采取了很多减缓措施,全球人为温室气体排放仍升至前所未有的水平,2010 年达到 490(±45)亿 tCO_2e。2000—2010 年是排放绝对增幅最大的 10 年,年均温室气体排放增速从 1970 年的 1.3%增长到了 2000 年 2.2%。最近 40 年(1970—2010 年)的人为 CO_2 累积排放量约占总历史累积排放量(1750—2010 年)的一半"。

全球地表平均温度上升与全球 CO_2 累计净排放总量的关系,见图 1-2。

根据世界气象组织(WMO)发布的《2020 年全球气候状况》报告,尽管出现了具有降温效应的"拉尼娜"事件,但 2020 年仍是有记录以来三个最热的年份之一,全球平均温度较工业化前水平高出约 1.2℃。2011—2020 年是有记录以来最热的 10 年。2019 年和 2020 年全球主要温室气体的浓度持续上升,全球 CO_2 浓度已超过 410 ppm。如果 CO_2 浓度延续往年的相同模式,在 2021 年就有可能达到或超过 414 ppm。根据联合国环境规划署的信息,经济衰退暂时抑制了新的温室气体排放,但对大气温室气体浓度没有明显影响。

应对气候变化的核心是减少温室气体排放,特别是 CO_2 减排(以下简称"碳减排"），对于缓解气候变化具有非常重要的意义。联合国网站显示，如果不采取行动，与 2000 年相比，到 2030 年 6 种主要温室气体的排放量会增加 25%～90%。

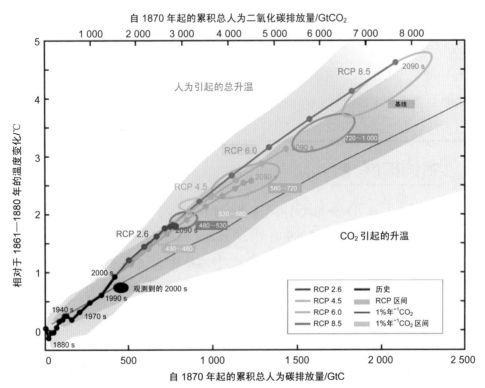

图 1-2　全球地表平均温度上升与全球 CO_2 累计净排放总量的关系图

来源：IPCC 第五次评估报告《气候变化 2014：综合报告》。

根据 IPCC 第五次评估第三工作组报告测算，实现 2℃温控目标的成本最优排放路径要求：2030 年，全球温室气体排放限制在 300 亿～500 亿 tCO_2e 的水平（相当于 2010 年水平的 60%～100%）；21 世纪中叶，全球温室气体需减少至 2010 年水平的 40%～70%；到 21 世纪末减至近零。

2018 年 10 月 8 日，政府间气候变化专门委员会（IPCC）发布的《IPCC 全球升温 1.5℃特别报告》中指出：目前全球气温较工业化前水平已经增加了 1℃，全球升温 1.5℃最快有可能在 2030 年达到，与将全球变暖限制在 2℃相比，限制在 1.5℃对人类和自然生态系统有明显的益处。实现控温 1.5℃目标的最佳路径既需要到 2030 年全球 CO_2 排放量比 2010 年的水平下降约 45%，还需要到 2050 年左右达到"净零排放"。这对能源转型提出了更高的要求：要将温升控制在 1.5℃之内，到 2050 年，煤炭在全球电力供应中的比例需要降至接近为零，全球电力供应的 70%～85%需要来自可再生能源，2050 年工业 CO_2 排放要比 2010 年低75%～90%。相比 2℃目标，实现 1.5℃目标所需的能源投资要高出 12%，2050年在低碳能源技术和能效上的年度投资将比 2015 年多出 5 倍。

名词扩展 ▶

碳中和：根据联合国政府间气候变化专门委员会（IPCC）《IPCC 全球升温 1.5℃特别报告》术语表中的定义，在规定时期内人为 CO_2 移除在全球范围抵消人为 CO_2 排放时，可实现 CO_2 "净零排放"。CO_2 "净零排放"也称碳中和。另外，为实现人类活动对气候系统没有"净影响"的"气候中性"（climate neutrality），则要采取比"净零排放"要求更加严格的其他措施（如人类活动会影响地表反照率或局地气候）。

来源：政府间气候变化专门委员会. 全球升温 1.5℃特别报告[R]. IPCC，2018.

碳达峰：碳排放首先进入平台期并可能在一定范围内波动，然后进入平稳下降阶段，根据此标准综合得出实现碳达峰的国家。判断一个国家是否碳达峰的标准并不单指在某一年达到最大排放量，而是一个过程。CO_2 净排放值的"峰值"在一定年度间波动是正常的，可以多年度的统计值来评价碳达峰的标志年度，而不是单纯地看最大（小）值对应的年度。

1.5　国际碳市场

碳排放权交易市场（Emission Trading System，ETS）作为一项减排政策工具，可以帮助国家和企业实现低成本减碳。2021 年，全球已有 34 个碳排放权交易市场，其中有 31 个碳排放权交易市场正在运行中[①]，3 个碳排放权交易市场正在计划实施中。正在运行的碳市场覆盖了全球 16.1%的温室气体排放（表 1-2）。

表 1-2　部分碳排放权交易市场所覆盖的行业及排放覆盖率

碳排放权交易市场	覆盖行业								排放覆盖率/%
	电力	工业	建筑	交通	国内航空	废弃物	林业	农业	
瑞士									11
区域温室气体倡议									23
马萨诸塞州									16
东京市									20
埼玉县									20
英国									33
欧盟碳排放交易体系									39
墨西哥									40
德国									40
中国									30
哈萨克斯坦									43
新西兰									51
韩国									74
加利福尼亚州									75
魁北克省									78
新斯科舍省									80

来源：世界银行网站的碳价可视化面板，https://carbonpricingdashboard.worldbank.org/。

[①] 除中国的全国碳市场外，还包括中国北京市、天津市、上海市、重庆市、湖北省、广东省、深圳市以及福建省的碳市场。

碳价（carbon price）：避免将 CO_2 或其他温室气体以二氧化碳当量排入大气的价格。它可指碳税率或碳排放配额的价格。在很多评估减缓经济成本的模型中，碳价通常被用作表示减缓政策努力程度的替代参数。

来源：政府间气候变化专门委员会. 全球升温 1.5℃特别报告[R]. IPCC，2018.

碳税（carbon tax）：对化石燃料中的碳含量征收的一种税。由于化石燃料中所有的碳最终均会以 CO_2 的形式排放，因此碳税相当于对 CO_2 排放征收的排放税。

来源：政府间气候变化专门委员会. 气候变化 2014：减缓气候变化[R]. IPCC，2014.

1.5.1 欧盟

欧盟碳排放交易体系（European Union Emissions Trading System，EU-ETS）是全球规模最大、运行时间最长的碳排放权交易市场，是依据欧盟议会（European Parliament）和欧洲理事会（European Council）于 2003 年 10 月批准的《建立欧盟温室气体排放配额交易体系指令》（2003/87/EC），并于 2005 年 1 月 1 日建立的。EU-ETS 是欧盟落实气候变化政策的基石，是低成本有效降低温室气体排放的关键工具。为保证实施过程的可控性，EU-ETS 的实施是分为四个阶段逐步推进的，各阶段的政策设计有明显不同（表 1-3）。

表 1-3 EU-ETS 的四个发展阶段

时间/参与国	目标	总量设置及配额分配	覆盖范围
2005—2007 年 27 个成员国	试运行阶段，检验 EU-ETS 的制度设计，建立基础设施和市场机制；达到《京都议定书》承诺目标的 45%	22.9 亿 tCO₂e/a，由各成员国提交方案，经欧盟委员会批准后确定，配额免费发放；配额不可跨期存储或预借；超排罚款 40 欧元/t	仅 CO_2，燃烧设施（电力等）热力输入 > 20 MW 纳入，以及水泥、石灰等其他行业，约有 11 000 个工业设施

时间/参与国	目标	总量设置及配额分配	覆盖范围
2008—2012 年 27 个成员国及冰岛、挪威、列支敦士登	履行《京都议定书》的减排目标；比 2005 年减排 6.5%	20.98 亿 tCO_2e/a，分配强调"一致、公平和透明"；90%配额免费，10%拍卖；电力行业配额不能全部免费；配额可跨期存储而不可借贷；超排罚款 100 欧元/t 并扣除次年排放额度超标相应数量	仅 CO_2，覆盖行业同上，接近欧盟碳排放量一半、占温室气体总排放量的 40%，2012 年纳入航空行业排放
2013—2020 年 27 个成员国及冰岛、挪威、列支敦士登、克罗地亚	2020 年比 1995 年减排 21%	2013 年 20.39 亿 tCO_2e，以后每年下降 1.74%，到 2020 年降至 17.2 亿 t；取消各成员国提交方案，由欧盟确定总量；配额可跨期存储不可预借；超过 50%的配额拍卖，电力行业全部拍卖	氧化亚氮、全氟碳化物被纳入，行业扩大到化工、石化、有色和炼铝等部门，约有 10 744 个设施，占欧盟温室气体排放总量的 39%（2018 年）
2021—2030 年 27 个成员国及冰岛、挪威、列支敦士登、克罗地亚	至 2030 年总碳排放量在 1990 年水平基础上减少 40%	碳减排率将从 1.74%调整至 2.2%，引入"市场稳定储备"，2014 年至 2016 年通过拍卖获得的部分碳排放配额可通过该机制储备起来，2020 年之后再放回市场	覆盖范围同上

欧盟委员会（European Commission）于 2014 年 1 月公布了《2030 年气候与能源政策框架》，并于 2015 年 7 月对 EU-ETS 第四阶段（2021—2030 年）提出了法律修订建议，使其能够实现欧盟 2030 年的气候及能源目标。2018 年 2 月，欧盟理事会通过了对 EU-ETS 第四阶段立法框架的修订，修订的主要内容是：加强欧盟排放交易体系作为投资驱动力的作用，到 2021 年，将配额总量的年度削减比例提高到 2.2%，并进一步深化市场稳定储备机制（MSR）[①]；继续实行配额免费分配，以保障具有碳泄漏风险的工业部门的国际竞争力；通过多种低碳融资机制，帮助行业和电力部门应对低碳转型的创新和投资挑战。根据修订后的体系，到 2030 年，该体系覆盖的行业排放量将比 2005 年减少 43%。

---

① 欧盟于 2015 年建立的机制，目的是减少碳市场中过剩的排放配额，提高欧盟碳排放交易体系应对未来风险冲击的能力。

2019年1月1日，市场稳定储备机制（MSR）开始运行，旨在解决欧盟碳排放交易体系中配额供需失衡的问题，并提高市场抵御未来冲击的能力。2019年，约3.97亿欧元的配额被纳入MSR并用于拍卖，有效减少了欧盟碳排放交易体系中的配额供给。

2020年1月至8月，有2.65亿欧元的配额被纳入MSR储备。从2023年起，纳入MSR储备的配额数量将不得高于上年拍卖配额的总量。2017—2018年，欧盟配额价格上涨了5～10欧元/t（5～11美元/t），MSR的引入使2019年配额价格得以稳定在约25欧元/t（27美元/t）。然而，受新冠肺炎疫情引发的经济衰退影响，2020年第一季度配额价格已下降到17欧元/t（19美元/t）。但是，2021年8月配额价格突破了60欧元/t，达到2005年以来的最高点，其核心推动力是欧盟减排力度的不断加大以及碳市场总量的不断缩减，使得控排企业有意愿提前购买和储备配额，吸引了更多的机构投资者入市。

相关知识

欧洲其他部分国家碳交易体系进展

英国于2020年1月31日"脱欧"后，也相应退出了欧盟碳排放交易体系。不过，在2020年年底之前的过渡期内，英国仍参与欧盟碳排放交易体系[1]。2020年2月初，欧盟委员会公布了一项谈判授权内容，即欧盟委员会在英国脱欧后与英国就未来关系进行谈判。该授权内容鼓励各方考虑链接英国与欧盟的碳排放交易体系[2]。

德国的《燃料排放交易法案》（*Fuel Emissions Trading Act*）于2019年12月20日生效，规定自2021年1月1日起为燃料供应商的排放定价，这

---

[1] 欧盟委员会，解除暂停在欧盟碳排放交易体系登记处与英国相关程序的规定，2020年1月31日，https://ec.europa.eu/clima/news/lifting-suspension-ukrelated-processes-union-registry-eu-ets_en。

[2] 欧盟委员会，理事会决议——授权开始与大不列颠及北爱尔兰联合王国谈判建立新的伙伴关系，2020年2月3日，https://ec.europa.eu/info/sites/info/files/communication-annex-negotiating-directives.pdf。

为现行欧盟碳排放交易体系未覆盖到的供热和道路运输部门建立了国内碳排放交易体系[①]。

瑞士碳排放交易体系和欧盟碳排放交易体系于 2020 年 1 月 1 日正式实现链接。链接前后，瑞士碳市场的碳价朝着接近欧盟配额价格的水平上涨，2019 年从 7 瑞士法郎/t（8 美元/t）增长至 18 瑞士法郎/t（19 美元/t）。

1.5.2　美国

1.5.2.1　区域温室气体倡议

区域温室气体倡议（Regional Greenhouse Gas Initiative，RGGI）是美国东北部和加拿大东部地区以州为基础的区域性交易体系，也是美国首个以市场为基础的温室气体排放交易体系。参与 RGGI 的州包括康涅狄格州、特拉华州、缅因州、马里兰州、马萨诸塞州、新罕布什尔州、新泽西州[②]、纽约州、罗得岛州和佛蒙特州。该交易体系仅针对电力行业的 CO_2 排放，纳入的是年排放量超过 25 000 tCO_2e 的发电设施。

2008 年 9 月进行初次配额拍卖。RGGI 的减排计划分为三个阶段：第一个阶段是 2009 年至 2014 年，目标为保持区域排放总量及各州排放总额不变；第二个阶段是从 2015 年开始，各州年排放量每年递减 2.5%，2018 年在 2009 年基础上减少 10%；第三个阶段是 2020 年相对于 2005 年削减 50%，2030 年相对于 2020 年削减 30%。

RGGI 的运作模式可以分为两个层次：一级市场主要是 CO_2 配额的拍卖，二级市场主要是 CO_2 配额的交易以及抵销机制。

[①] 德国政府，国家燃料排放证交易法《燃料排放交易法案——SESTA》，2019 年 12 月 12 日，http: // www. gesetze-im-internet.de/behg/BJNR272800019.html。

[②] 2020 年 1 月，新泽西州重新加入 RGGI。

RGGI 的主要分配方式是以州为单位、通过每个季度的配额拍卖来实现的。在配额的初始分配上，各成员州首先根据其在 RGGI 项目中的限排份额获取各自配额，然后通过拍卖将配额分配给控排企业。电力行业 90%的配额都将通过季度拍卖分配。拍卖系统是以 RGGI 网络为媒介，采用单轮竞价、统一价格、密封投标的拍卖方式，并由独立的监控机构监视整个程序。

基于 2017 年修订的示范性规则，RGGI 各成员州于 2019 年通过"2020 年后总量控制与交易规则"。新规则收紧了配额总量，并进一步调整了碳排放交易机制的设计。

从 2021 年起，12 个成员州均实行更加严格的年度总量减量因子和排放控制措施。另外，弗吉尼亚州于 2021 年 1 月加入了 RGGI；而宾夕法尼亚州还在建立其电力行业碳市场，预计将于 2022 年加入 RGGI。

1.5.2.2 加州碳市场

以美国加利福尼亚州（简称加州）为引领的北美碳市场覆盖广、影响大。2006年，加州政府通过了《全球变暖解决法案》（AB 32 法案），要求 2020 年温室气体排放水平下降到 1990 年的水平。为实现这一目标，加州空气资源委员会批准了加州总量控制与交易体系，对区域内 2013—2020 年的累计排放量设置总量控制，2013 年 1 月，加州碳交易体系正式启动，约涵盖该州 85%的碳排放量，初期主要是电力行业和大型工业设施，配额由历史排放法确定且以免费分配为主，逐步过渡至拍卖。加州碳市场于 2014 年与加拿大魁北克省碳市场实行了链接。

加州碳交易体系分为 2013—2014 年、2015—2017 年、2018—2020 年三个履约期。第一期覆盖了发电行业和工业排放源，年度排放总量约为 1.6 亿 tCO_2e，占加州温室气体排放总量的 35%左右；第二期增加了交通燃料、天然气销售业等部门，排放总量增加至 3.95 亿 tCO_2e，占加州温室气体排放总量的比例升至80%左右；第三期各年度排放总量分别为 3.58 亿 tCO_2e、3.46 亿 tCO_2e 和 3.34亿 tCO_2e，覆盖了加州约 80%的温室气体排放和 500 个工厂设施。其配额分配主要采用免费分配与拍卖相结合的方式。

1.5.2.3　西部气候倡议

2007 年，美国西部的亚利桑那州、加利福尼亚州等 5 个州发起成立了区域性气候变化应对组织西部气候倡议（Western Climate Initiative，WCI）。至 2009 年年底，该气候变化应对组织共吸收了包括 4 个加拿大省份在内的 11 个北美的州、省加入。2008 年 9 月 23 日，WCI 明确地提出了建立独立的区域性排放贸易体系，并设定具体的减排目标。该体系的适用部门包括工业、电力、商业、交通运输以及居民燃料使用，以 2005 年的排放量为基准，到 2020 年将该区域的温室气体排放量降低 15%。在实践过程中，WCI 建立了区域"限额-交易"机制，要求自 2011 年起，各成员必须报告上年度的碳排放量，并制定其至 2020 年年底前的碳预算，明确本部门的温室气体排放上限，以实现减排指标。然后，WCI 根据各成员的需要，设置了交易平台，各成员可以灵活地在各自区域内通过拍卖或无偿的方式进行排放额度的分配。

相关知识

交通与气候倡议

2018 年 12 月 18 日，交通与气候倡议（TCI）框架下 13 个美国东北和中大西洋成员州中的 10 个州发表声明，宣布它们将携手制定区域低碳交通政策，并着力建设旨在减少交通运输碳排放的碳定价机制。根据该公告，拟议政策应通过引入"总量控制与交易"计划或其他定价机制来限制和减少交通运输业因燃料燃烧而产生的碳排放。该倡议的目标是 2019 年完成这一机制的设计并发布初稿。在提案完成后，参与各州仍可决定是否采用该政策。

2019 年 12 月 17 日，TCI 成员州发布了一份谅解备忘录（MOU）草案，进一步公布了区域碳交易体系的设计要素，包括三年履约期、过渡期履约义务以及定期项目评估时间安排等。MOU 围绕总量控制、排放总量递减比例（总量控制轨迹）及是否采用限额抵销机制等问题做出决定。

2020 年 12 月，马萨诸塞州、康涅狄格州、罗得岛州和华盛顿特区签署了加入交通和气候倡议计划（TCI-P）的谅解备忘录。该计划将对成员州公路运输所涉及的 CO_2 排放设定总量。其时间表为 2021 年制定《示范准则》（*Model Rule*），2022 年开始实施强制性报告，2023 年开始首个履约期。该计划也对其他州开放，未来预计会有更多的州加入。

来源：国际碳行动伙伴组织 ICAP 网站，https://icapcarbonaction.com/en/news-archive/597-us- transportation-and-climate-initiative-tci-to-design-carbon-pricing-mechanism。

1.5.3 韩国

韩国碳排放交易体系于 2015 年 1 月 1 日启动，是亚洲地区第一个国家级碳交易市场，涉及钢铁、水泥、石化、精炼、能源、建筑、废物垃圾和航空等 23 个行业部门，覆盖年排放超过 12.5 万 tCO_2e 的企业或年排放超过 2.5 万 tCO_2e 的设备。

该碳排放交易体系覆盖占韩国碳排放总量 70%以上的 300 多家大型排放企业，涉及电力、钢铁、石化和纸浆等行业，为韩国实现 2020 年温室气体排放总量比未采取任何减排措施的正常排放减少 30%[①]的目标做出巨大贡献。2015 年 1 月 1 日至 2017 年 12 月 31 日为该碳排放交易体系的第一阶段，2018 年 1 月 1 日至 2020 年 12 月 31 日为第二阶段，各为期 3 年。之后每五年为一个阶段，每一阶段分别制定相应的政策目标和规划。

韩国碳排放交易体系覆盖《京都议定书》中的 6 种温室气体：CO_2、CH_4、N_2O、$HFCs$、$PFCs$、SF_6。对于电力行业，韩国碳排放交易体系将纳入年均排放量超过 2.5 万 tCO_2e 的独立排放设备，以及年均排放量超过 12.5 万 tCO_2e 的发电企业，包括直接排放和间接排放。

韩国碳交易允许使用抵销机制，并制定了保护本国新能源和可再生能源发

[①] 2013 年 2 月韩国政府公开表示的方案目标，意味着比韩国 2005 年 5.94 亿 t 的碳排放量减少 4%（为 5.69 亿 t）。

电企业产生抵销信用的条款，在一定程度上提高了本国新能源及可再生能源企业参与碳市场的积极性。

2018年1月1日，韩国碳排放交易体系第二阶段开启后，于2019年初举行了首次拍卖。为进一步提高市场流动性，韩国于2019年5月宣布将为配额储存设定上限，并限制了总的配额预借数量。韩国政府还在2019年6月允许符合条件的金融机构作为指定做市商参与碳排放交易体系。

2019年10月，韩国政府首次宣布了第三阶段（2021—2025年）的监管调整。关键改革措施包括更严格的碳排放交易监管门槛，所有纳入监管的企业其温室气体排放总量约占韩国全部温室气体排放总量的70%。拍卖额度也将从3%至少增加到10%，同时减少了用于履约的抵销额度。碳排放权交易体系的覆盖范围未来将扩大到建筑业和大型运输公司。在第三阶段开始之前，韩国于2020年3月通过了几项新的修正案，以改进碳排放交易体系立法，并于2020年6月1日生效。修正内容包括明确和简化免费配额管理，以及重申只有纳入碳排放交易体系的实体和指定金融机构才能参与韩国碳排放交易体系[①]。

自2020年年初以来，韩国碳价一直维持在40 000韩元/tCO$_2$e（33美元/tCO$_2$e），较上年上涨了50%。

1.5.4　新西兰

新西兰碳排放交易体系（NZ ETS）于2008年启动，是历史最悠久的碳市场之一。到2015年，NZ ETS覆盖了新西兰的所有行业及由《京都议定书》规定的6种温室气体。经过多次立法修订后，目前，NZ ETS已形成了覆盖新西兰温室气体排放量51%，纳入化石燃料燃烧、工业过程、废弃物、林业等多个行业的完整碳排放交易体系。新西兰碳交易体系采取了逐步推进的方式推进碳交易体系建设，建设进程见表1-4。

---

① 韩国政府，《温室气体排放配额分配与交易法》。

表 1-4　新西兰碳交易体系的建设进程

时间	纳入行业	原因
2008 年 1 月	仅林业	新西兰森林碳汇规模大，2009 年森林碳汇大约抵销了其碳排放总量的 25%，减排潜力大、成本低、综合效益高，被认为是最具比较优势和竞争力、实现减排目标的关键领域，因此被最先纳入交易体系；农牧业是支柱产业和温室气体排放大户，2009 年的排放量占到全国的 46.5%，为避免减排的负面影响，最后加入交易体系。2008—2012 年为产业调整过渡期，实施免费配额制度和固定碳价
2010 年 7 月	增加液化化石燃料、固定能源和工业加工部门	
2013 年 1 月	增加废弃物排放和合成气体行业	
2015 年 1 月	增加农牧业	

　　NZ ETS 在 2010 年 7 月 1 日至 2012 年 12 月 31 日的过渡期，采取了两项重要过渡措施：

　　一是免费发放较大比例排放配额，其他部分通过 NZ ETS 以 25 新西兰元（约合 127 元人民币）的固定价格购买一新西兰排放单位（New Zealand Units，NZUs）。以 2005 年排放合格的企业排放水平为基准，对碳排放中、高密集型企业按照基准的 60% 或 90% 进行免费发放。此外，出口企业按排放基准的 90% 进行免费发放；农业则在 2015—2018 年享有 2005 年排放基准的 90% 的免费排放额度，从 2019 年才开始逐年核减免费排放额度。免费发放碳排放配额的措施不仅可以消除 NZ ETS 对企业生产成本的影响，也有利于各行业逐渐接受、熟悉进而加入 NZ ETS。

　　二是液化化石燃料、固定能源和工业加工部门的企业，只需要履行 50% 的减排责任义务，每排放 2 tCO_2e 温室气体上缴一个 NZUs 配额，相当于 12.5 新西兰元/tCO_2e。新西兰碳交易体系按照"限量保价"的原则实施配额免费，政府通过历史排放法计算配额，企业可通过技术减排，或者购买配额或碳汇，对森林碳汇不设上限，也可以到国际市场购买排放指标，但不允许碳信用出口，以防止国有碳资产流失。为防止价格波动和稳定市场，NZ ETS 在过渡期实施固定碳价。

　　新西兰温室气体排放总量小，交易体系不设排放上限，纳入的强制履约单位有 221 家左右。运行十多年来，受管制企业面临每排放 2 t 温室气体需要上缴 1 个配额的责任义务，从 2019 年 1 月开始必须按照实际排放量全额上缴配额，或者向政府按照固定价格 17.3 美元/t 购买。

为实现气候目标和国家自主贡献目标，2019 年 7 月 31 日，新西兰政府宣布了加强碳排放交易机制的最终决议①，决议包括逐步取消工业部门的免费配额。政府计划 2021—2030 年每年至少减少 1%的免费配额；2031—2040 年每年减少 2%，2041—2050 年，每年减少 3%。在减排单位方面，政府将用等量的"新西兰减排单位"（NZUs）取代"新西兰签发配额减排单位"（AAUs）。后者目前在新西兰碳排放交易体系中仍然有效。此外，《京都议定书》第一承诺期的减排单位也将被取消，这些单位自 2015 年 5 月 31 日后就已经失效②。另外，履约奖惩规则也计划做出调整。

2019 年年底新西兰政府宣布将从 2025 年起对农业领域的温室气体排放定价③。化肥产生的温室气体排放可能会在加工层面被纳入新西兰碳排放交易体系。家畜养殖业将可能和农业领域一起被纳入一个农场层面的单独定价机制。如果到 2022 年前进展仍不足，那么家畜养殖造成的排放也可能会以加工层面定价的形式被纳入新西兰全国碳排放交易体系。

2020 年，新西兰完成了全面的立法改革，为 2021—2025 年的气候政策（包括碳市场）奠定了基础，并使其契合该国新制定的 2050 年前实现净零排放的目标。其他的碳市场改革措施还包括逐步减少对排放密集且易受贸易冲击（EITE）的行业（面临碳泄漏风险的行业）的免费分配、林业部门的排放核算规则改革，并计划到 2025 年将农业部门纳入碳定价机制。

---

① 新西兰环境部，新西兰碳排放交易机制改进提案，2019 年 12 月 19 日，https：//www.mfe.govt.nz/climate-change/ proposed-improvements-nz-ets。

② 新西兰政府（EPA），首个履约期的京都减排量，2020 年，https://www.epa.govt.nz/industry- reas/emissions-tradingscheme/market-information/kyotounits-from-the-first-commitment-period/。

③ 新西兰环境部，针对农业排放的行动，2019 年 8 月 13 日，https：//www.mfe.govt.nz/consultation/actionagricultural- emissions。

思考题

1. 气候变化的表现主要有哪些方面？

2. 全球气候变暖在 1880—2012 年全球平均温度升高了多少摄氏度？平均温度升高的范围是多少？

3. 气候变暖的主要因素是什么？当前全球大气中的 CO_2 浓度是工业化前的多少倍？控制气候变暖的最主要措施是什么？

4.《京都议定书》规定了几种温室气体？在《京都议定书》修正案中又增加了哪种温室气体？如何比较不同温室气体温室效应的大小？

5.《联合国气候变化框架公约》确定的基本原则是什么？

6.《京都议定书》确定的全球温室气体排放目标是什么？确定的三个减排机制是什么？

7.《巴黎协定》提出的全球温升长期控制目标是什么？在国际机制上还有哪些重点安排？

8. 我国何时提出碳中和目标？内容是什么？

2　中国应对气候变化战略

气候变化关系全人类的生存和发展。中国人口众多，人均资源禀赋较差，气候条件复杂，生态环境脆弱，是易受气候变化不利影响的国家。气候变化关系到中国经济社会发展全局，对维护中国经济安全、能源安全、生态安全、粮食安全以及人民生命财产安全至关重要。

2.1　面临的形势

中国政府始终高度重视应对气候变化。习近平总书记多次强调，应对气候变化不是别人要我们做，而是我们自己要做，是中国可持续发展的内在需要，也是推动构建人类命运共同体的责任担当。习近平总书记在全国生态环境保护大会上明确提出，要实施积极应对气候变化国家战略，推动和引导建立公平合理、合作共赢的全球气候治理体系。据初步核算，2020 年我国单位国内生产总值 CO_2 排放比 2019 年下降约 1.0%，比 2015 年下降 18.8%，超额完成"十三五"规划提出的下降 18%的目标[①]。中国仍然是发展中国家，人均 GDP 低于世界平均水平，发展不平衡不充分的问题突出，面临着发展经济、改善民生、消除贫困、打赢污染防治攻坚战等一系列艰巨的任务。作为负责任大国，中国政府积极承担符合自身发展阶段和国情的国际责任，付出艰苦卓绝的努力，切实实施应对气候变化政策行动，为全球生态文明建设贡献力量。

从国际来看，国际社会已就控制全球气温升高不超过 2℃达成政治共识，并将进一步强化全球应对气候变化行动安排，近 30 个国家和地区（包括欧盟）提出了碳中和目标。绿色低碳发展已成为全球经济发展的方向和潮流，成为产业和科技竞争的关键领域，各国都在加快制订绿色低碳发展战略和政策。

---

① 生态环境部，《2020 中国生态环境状况公报》，2021 年 5 月 26 日。

从国内来看，改革开放以来，我国经济社会发展取得了举世瞩目的成就。当前，中国仍处在工业化、城镇化进程中，加快推进绿色低碳发展、有效控制温室气体排放已成为中国转变经济发展方式、大力推进生态文明建设的内在要求。同时，气候变化对城市、农业、林业、水资源等的影响加剧，气候灾害频发，也迫切需要采取积极的适应行动。

2020 年 9 月，习近平主席在第七十五届联合国大会一般性辩论上宣布，中国二氧化碳排放力争于 2030 年前达到峰值，争取在 2060 年前实现碳中和。2020 年 12 月，习近平主席在气候雄心峰会上宣布："到 2030 年，中国单位国内生产总值二氧化碳排放将比 2005 年下降 65% 以上，非化石能源占一次能源消费比重将达到 25% 左右，森林蓄积量将比 2005 年增加 60 亿 m^3，风电、太阳能发电总装机容量将达到 12 亿 kW 以上。"

2021 年，"碳达峰、碳中和"首次被写入政府工作报告，强调扎实做好"碳达峰、碳中和"各项工作，优化产业结构和能源结构，要求各行各业制定好 2030 年前碳排放达峰行动方案，进而加快实现"十四五"规划中推动绿色低碳发展的既定目标。

2.2 战略要求

"十四五"时期是我国全面建成小康社会、实现第一个百年奋斗目标之后，乘势而上开启全面建设社会主义现代化国家新征程、向第二个百年奋斗目标进军的第一个五年，面对中国经济社会发展新阶段、新态势和国际发展潮流，推动绿色发展，促进人与自然和谐共生，是应对气候变化新的战略要求[1]。

2021 年，中央财经委员会第九次会议指出，我国力争 2030 年前实现碳达峰、2060 年前实现碳中和，是党中央经过深思熟虑作出的重大战略决策，事关中华民族永续发展和构建人类命运共同体。要坚定不移贯彻新发展理念，坚持系统观念，处理好发展和减排、整体和局部、短期和中长期的关系，以经济社会发展全

---

[1] 《中共中央关于制定国民经济和社会发展第十四个五年规划和二〇三五年远景目标的建议》。

面绿色转型为引领，以能源绿色低碳发展为关键，加快形成节约资源和保护环境的产业结构、生产方式、生活方式、空间格局，坚定不移走生态优先、绿色低碳的高质量发展道路。要坚持全国统筹，强化顶层设计，发挥制度优势，压实各方责任，根据各地实际分类施策。要把节约能源资源放在首位，实行全面节约战略，倡导简约适度、绿色低碳的生活方式。要坚持政府和市场两手发力，强化科技和制度创新，深化能源和相关领域改革，形成有效的激励约束机制。要加强国际交流合作，有效统筹国内国际能源资源。要加强风险识别和管控，处理好减污降碳和能源安全、产业链供应链安全、粮食安全、群众正常生活的关系。

会议还指出，"十四五"时期是碳达峰的关键期、窗口期，要重点做好以下几项工作。要构建清洁低碳安全高效的能源体系，控制化石能源总量，着力提高利用效能，实施可再生能源替代行动，深化电力体制改革，构建以新能源为主体的新型电力系统；要实施重点行业领域减污降碳行动，工业领域要推进绿色制造，建筑领域要提升节能标准，交通领域要加快形成绿色低碳运输方式；要推动绿色低碳技术实现重大突破，抓紧部署低碳前沿技术研究，加快推广应用减污降碳技术，建立完善绿色低碳技术评估、交易体系和科技创新服务平台；要完善绿色低碳政策和市场体系，完善能源"双控"制度，完善有利于绿色低碳发展的财税、价格、金融、土地、政府采购等政策，加快推进碳排放权交易，积极发展绿色金融；要倡导绿色低碳生活，反对奢侈浪费，鼓励绿色出行，营造绿色低碳生活新时尚；要提升生态碳汇能力，强化国土空间规划和用途管控，有效发挥森林、草原、湿地、海洋、土壤、冻土的固碳作用，提升生态系统碳汇增量；要加强应对气候变化国际合作，推进国际规则标准制定，建设绿色丝绸之路。

名词扩展 ▶

碳排放强度：也称碳强度，是指单位 GDP（国内生产总值）对应的 CO_2 排放当量或其他单位产品产值或服务量所对应的 CO_2 排放当量。一般是为了反映经济结构、产业发展、消费结构中控制 CO_2 的成效和水平。

碳强度：是另一个变量（如 GDP、产出能源的使用，或交通运输等）单位释放的 CO_2 排放量。在碳强度的表示中，既可以体现价值量，也可以体现物理量，如单位 GDP CO_2 排放量，单位发电量 CO_2 排放量等。

相关知识

国家应对气候变化机构及职责

为切实加强对应对气候变化和节能减排工作的领导，2007 年 6 月 12 日，国务院下发通知《国务院关于成立国家应对气候变化及节能减排工作领导小组的通知》（国发〔2007〕18 号）决定成立以时任国务院总理温家宝为组长的国家应对气候变化及节能减排工作领导小组，作为国家应对气候变化和节能减排工作的议事协调机构。领导小组的主要任务是：研究制订国家应对气候变化的重大战略、方针和对策，统一部署应对气候变化工作，研究审议国际合作和谈判对案，协调解决应对气候变化工作中的重大问题；组织贯彻落实国务院有关节能减排工作的方针政策，统一部署节能减排工作，研究审议重大政策建议，协调解决工作中的重大问题。

2018 年 3 月，根据第十三届全国人民代表大会第一次会议批准的国务院机构改革方案设立中华人民共和国生态环境部。生态环境部负责气候变化工作，包括组织拟定应对气候变化及温室气体减排重大战略、规划和政策；与有关部门共同牵头组织参加气候变化国际谈判；负责国家履行联合国气候变化框架公约相关工作。

2018 年 7 月 19 日，国务院办公厅印发《国务院办公厅关于调整国家应对气候变化及节能减排工作领导小组组成人员的通知》（国办发〔2018〕66 号），根据国务院机构设置、人员变动情况和工作需要，国务院决定对国家应对气候变化及节能减排工作领导小组组成单位和人员进行调整。国家应对气候变化及节能减排工作领导小组继续由李克强总理担任组长，副组长变更为韩正副总理、王毅国务委员，成员包括生态环境部、国家发展改革委、工业和信息化部等 30 个政府部门的有关负责人，具体工作由生态环境部、国家发展改革委按职责承担。

2019 年 10 月 7 日，国务院办公厅印发《国务院办公厅关于调整国家应对气候变化及节能减排工作领导小组组成人员的通知》（国办函〔2019〕99 号），根据有关单位人员变动情况和工作需要，国务院决定对国家应对气候变化及节能减排工作领导小组部分成员进行调整。

为提高应对气候变化决策的科学性，2006 年中国成立了第一届国家气候变化专家委员会。2010 年 9 月，第二届国家气候变化专家委员会成立。2016 年 9 月，第三届国家气候变化专家委员会成立。第四届国家气候变化专家委员会于 2021 年 9 月 23 日成立，共聘任 38 名专家委员。

2.3　目标要求

《中共中央　国务院　关于全面加强生态环境保护　坚决打好污染防治攻坚战的意见》指出，确保到 2035 年，生态环境质量实现根本好转，美丽中国目标基本实现；到本世纪中叶，生态文明全面提升，实现生态环境领域国家治理体系和治理能力现代化。

《中华人民共和国国民经济和社会发展第十四个五年规划和 2035 年远景目标纲要》关于制定碳达峰行动方案纲要提出，要落实 2030 年应对气候变化国家自主贡献目标，制定 2030 年前碳排放达峰行动方案。完善能源消费总量和强度双控制度，重点控制化石能源消费。实施以碳强度控制为主、碳排放总量控制为辅的制度，支持有条件的地方和重点行业、重点企业率先达到碳排放峰值。推动能源清洁低碳安全高效利用，深入推进工业、建筑、交通等领域低碳转型。加大甲烷、氢氟碳化物、全氟化碳等其他温室气体控制力度。提升生态系统碳汇能力。锚定努力争取 2060 年前实现碳中和。加强全球气候变暖对我国承受力脆弱地区影响的观测和评估，提升城乡建设、农业生产、基础设施适应气候变化能力。加强青藏高原综合科学考察研究。坚持公平、共同但有区别的责任及各自能力原则，建设性参与和引领应对气候变化国际合作，推动落实《联合国气候变化框架公约》

及其《巴黎协定》，积极开展气候变化南南合作。

2.4 主要目标

按照全面建设社会主义现代化国家的战略安排，《中华人民共和国国民经济和社会发展第十四个五年规划和 2035 年远景目标纲要》中关于应对气候变化的主要目标如下。

（1）2035 年远景目标

展望 2035 年，我国将基本实现社会主义现代化。广泛形成绿色生产生活方式，碳排放达峰后稳中有降，生态环境根本好转，美丽中国建设目标基本实现。人均国内生产总值达到中等发达国家水平，中等收入群体显著扩大，基本公共服务实现均等化，城乡区域发展差距和居民生活水平差距显著缩小。人民生活更加美好，人的全面发展、全体人民共同富裕取得更为明显的实质性进展。

（2）"十四五"时期经济社会发展主要目标

生态文明建设实现新进步。国土空间开发保护格局得到优化，生产生活方式绿色转型成效显著，能源资源配置更加合理、利用效率大幅提高，单位国内生产总值能源消耗和 CO_2 排放分别降低 13.5%、18%，主要污染物排放总量持续减少，森林覆盖率提高到 24.1%，生态环境持续改善，生态安全屏障更加牢固，城乡人居环境明显改善。

相关知识

中国向世界宣布碳达峰、碳中和目标

2020 年 9 月 22 日，习近平主席在第七十五届联合国大会一般性辩论上发表重要讲话，宣布："中国将提高国家自主贡献力度，采取更加有力的政策和措施，CO_2 排放力争于 2030 年前达到峰值，努力争取 2060 年前实现碳中和。"

2020 年 12 月 12 日，习近平主席在气候雄心峰会上进一步宣布："到 2030年，中国单位国内生产总值 CO_2 排放将比 2005 年下降 65% 以上，非化石能源占一次能源消费比重将达到 25% 左右，森林蓄积量将比 2005 年增加 60 亿 m^3，风电、太阳能发电总装机容量将达到 12 亿 kW 以上。"

2021 年 10 月 28 日，中国《联合国气候变化框架公约》国家联络人向《公约》秘书处正式提交《中国落实国家自主贡献成效和新目标新举措》和《中国本世纪中叶长期温室气体低排放发展战略》。这是中国履行《巴黎协定》的具体举措，体现了中国推动绿色低碳发展、积极应对全球气候变化的决心和努力。

2.5　工作思路

中国是《联合国气候变化框架公约》首批缔约方之一，也是 IPCC 的发起国之一。中国是《京都议定书》非附件一国家，不承担强制性的温室气体减排义务，从全人类共同利益出发，中国政府高度重视气候变化问题，采取了一系列行动以应对全球气候变化，涉及优化产业结构和能源结构、生态建设、适应气候变化、应对气候变化能力建设、公众参与、国际交流与合作等方面。

习近平总书记主持召开中央财经委员会第九次会议时指出，实现碳达峰、碳中和是一场广泛而深刻的经济社会系统性变革，要把碳达峰、碳中和纳入生态文明建设整体布局。习近平总书记在中共中央政治局第二十九次集体学习时指出，"十四五"时期，我国生态文明建设进入了以降碳为重点战略方向、推动减污降碳协同增效、促进经济社会发展全面绿色转型、实现生态环境质量改善由量变到质变的关键时期。各级党委和政府要拿出抓铁有痕、踏石留印的劲头，明确时间表、路线图、施工图；要完整、准确、全面贯彻新发展理念，保持战略定力，站在人与自然和谐共生的高度来谋划经济社会发展，坚持节约资源和保护环境的基本国策，坚持节约优先、保护优先、以自然恢复为主的方针，形成节约资源和保护环境的空间格局、产业结构、生产方式、生活方式，统筹污染治理、生态保护、应对气候变化，促进生态环境持续改善，努力建设人与自然和谐共生的现代化。

在 2021 年 4 月 27 日国新办就中国应对气候变化工作进展情况举行的吹风会上，生态环境部表示："下一步，应对气候变化工作要放到碳达峰、碳中和整体布局中考虑。要进一步去推动构建绿色低碳循环发展的经济体系，把应对气候变化工作跟经济社会发展紧密联系在一起。根本措施是要加大力度推动能源结构、产业结构转型升级。一个延续到'十四五''十五五'的重要措施是制定并实施二氧化碳排放达峰行动方案，鼓励和支持有条件的地方、重点行业、重点企业率先达峰，落实好每一个五年规划中碳强度约束性指标。整个社会形成绿色生产生活方式。"

2.6 试点碳排放权交易市场建设

建立碳排放权交易市场作为利用市场机制控制温室气体排放的重大举措，是深化生态文明体制改革的迫切需要，既有利于降低全社会减排成本，也有利于推动经济向绿色低碳转型升级。

2011 年 10 月 29 日，国家发展改革委办公厅发布《关于开展碳排放权交易试点工作的通知》（发改办气候〔2011〕2601 号），同意在北京市、天津市、上海市、重庆市、湖北省、广东省及深圳市开展碳排放权交易试点工作。从 2013 年 6 月 18 日开始，深圳市、上海市、北京市、广东省、天津市、湖北省、重庆市试点碳排放权交易市场相继启动了线上交易。另外，2016 年年底，福建省建成具有福建特色的碳排放权交易市场。

全国碳排放权交易试点市场启动时间见图 2-1。

各试点省市高度重视碳排放权交易市场建设，开展了多项基础工作，包括制订地方碳交易政策法规，确定碳排放控制目标和覆盖范围，建立温室气体监测、核算、报告和核查制度，分配碳排放配额，建立交易系统和规则，制定配额清缴履约和抵销规则，开发注册登记系统，设立管理机构，建立市场监管体系，开展人员培训和能力建设等，形成了各具特色的碳排放权交易试点市场。

图 2-1 全国碳排放权交易试点市场启动时间

中国碳排放权交易试点政策制度框架示意图见图 2-2。

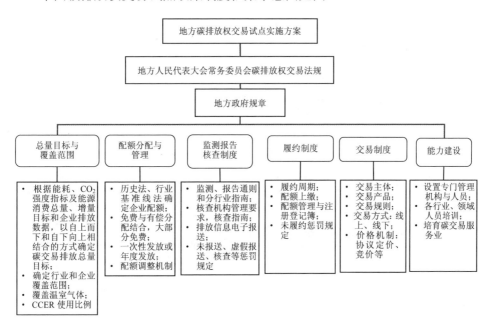

图 2-2 中国碳排放权交易试点政策制度框架示意图

中国碳排放权交易试点地方政府规章和相关政策性文件见表 2-1。

表 2-1　中国碳排放权交易试点地方政府规章和相关政策性文件

试点区域	文件名称	颁布单位	发布时间
上海市	《上海市碳排放管理试行办法》 （上海市人民政府令　第 10 号）	上海市人民政府	2013 年 11 月 18 日
天津市	《天津市碳排放权交易管理暂行办法》 （津政办规〔2020〕11 号）	天津市人民政府 办公厅	2020 年 6 月 10 日
广东省	《广东省碳排放管理试行办法》 （广东省人民政府令　第 197 号）	广东省人民政府	2014 年 1 月 15 日
深圳市	《深圳经济特区碳排放管理若干规定》	深圳市人大常委会	2012 年 10 月 30 日
	《深圳市碳排放权交易管理暂行办法》 （深圳市人民政府令　第 262 号）	深圳市人民政府	2014 年 3 月 19 日
湖北省	《湖北省碳排放权管理和交易暂行办法》 （湖北省人民政府令　第 371 号）	湖北省人民政府	2014 年 4 月 4 日
重庆市	《关于碳排放管理有关事项的决定》	重庆市人大常委会	2014 年 4 月 26 日
	《重庆市碳排放权交易管理暂行办法》 （渝府发〔2014〕17 号）	重庆市人民政府	2014 年 4 月 26 日
北京市	《关于北京市在严格控制碳排放总量前提下开展碳排放权交易试点工作的决定》	北京市人大常委会	2013 年 12 月 30 日
	《北京市碳排放权交易管理办法（试行）》 （京政发〔2014〕14 号）	北京市人民政府	2014 年 5 月 28 日
	《北京市碳排放权抵消管理办法（试行）》 （京发改规〔2014〕6 号）	北京市发展和改革 委员会 北京市园林绿化局	2014 年 9 月 1 日
	《关于调整〈北京市碳排放权交易管理办法（试行）〉重点排放单位范围的通知》 （京政发〔2015〕65 号）	北京市人民政府	2015 年 12 月 28 日

在试点地区颁布的相关政策中，北京市、深圳市是地方人大立法，上海市、广东省、湖北省是地方政府规章，天津市、重庆市是规范性文件。深圳市人大常委会审议通过的《深圳经济特区碳排放管理若干规定》是我国首部专门规范碳排放管理的地方性法规，其明确建立了碳排放管控制度、碳排放配额管理制度、碳排放抵销制度、第三方核查制度、碳排放权交易制度和处罚机制六项基本制度。

2013 年以来，试点碳市场陆续开市并保持了较为平稳的运行态势。2020 年，试点碳市场成交量达 1.3 亿 t[配额成交 7 000 万 t，国家核证自愿减排量（CCER）成交 6 300 万 t]，成交金额约 20 亿元，较 2019 年增加 3%。2020 年试点碳市场间配额价格差异依旧明显，价格普遍集中于 20～30 元/t，北京市、上海市碳市场价格相对较高，北京市最高价格一度达到 102.96 元/t 的水平，体现了试点碳市场间不同的市场供需形势和减排成本。截至 2020 年 12 月 31 日，碳市场配额累计成交量 4.45 亿 t，成交额 104.31 亿元。

在全国碳交易系统建设的同时，地方试点碳市场继续保持运行，试点地区持续拓展和完善其交易体系，进一步完善了配额分配、抵销机制和交易等相关规则。

北京市调整了发电企业基准值，以提高严格性，并于 2020 年 3 月 16 日发布通知，要求 14 家航空公司提交排放数据[1]，预示了将其纳入北京碳排放交易试点的可能性。

广东省生态环境厅于 2019 年 11 月发布的《广东省 2019 年度碳排放配额分配实施方案》将配额有偿竞买规模从 200 万 t 扩大至 500 万 t。同时，该计划将基准设定扩大至热电联产领域，并对钢铁、电力、水泥、造纸和民航等行业的基准进行了进一步完善[2]。

《湖北省 2018 年碳排放权配额分配方案》于 2019 年 7 月出台，实行了更为严格的配额规则，将覆盖范围扩大到供水领域，并将供热和热电联产的配额方式由基准法改为按历史排放强度分配。

天津市碳排放权交易试点于 2019 年开始配额有偿竞买，并将覆盖范围扩大

---

[1] 北京市生态环境局，北京市统计局，《关于公布 2019 年北京市重点碳排放单位及报告单位名单的通知》。

[2] 广州碳排放权交易所，《2019 年度广东省碳排放配额分配实施方案解析》。

到建材、造纸、航空等行业的企业。

重庆市碳排放权交易试点由于排放上限折减系数的提高,配额价格增长了约 10 倍,从将近 4 元/tCO₂e（1 美元/tCO₂e）涨到了 38 元/tCO₂e（5 美元/tCO₂e）。

深圳市碳排放权交易试点受生产增加和配额余量减少的影响,配额价格从近 4 元/tCO₂e 涨到了 17 元/tCO₂e[①]。

名词扩展 ▶

碳排放权：分配给重点排放单位的规定时期内的碳排放额度。

来源：《碳排放权交易管理办法（试行）》（生态环境部令　第 19 号）。

重点排放单位：全国碳排放权交易市场覆盖行业内年度温室气体排放量达到 2.6 万 tCO₂e 及以上的企业或者其他经济组织。

来源：《企业温室气体排放报告核查指南（试行）》。

发电行业重点排放单位：年度排放达到 2.6 万 tCO₂e（综合能源消费量约 1 万 t 标准煤）及以上的企业或者其他经济组织为重点排放单位。年度排放达到 2.6 万 tCO₂e 及以上的其他行业自备电厂视同发电行业重点排放单位管理。

国家核证自愿减排量：对我国境内可再生能源、林业碳汇、甲烷利用等项目的温室气体减排效果进行量化核证,并在国家温室气体自愿减排交易注册登记系统中登记的温室气体减排量。英文全称"China Certified Emission Reduction",英文简称"CCER",单位为"吨二氧化碳当量"（tCO₂e）。

来源：《碳排放权交易管理办法（试行）》（生态环境部令　第 19 号）。

中国碳排放权交易试点机制设计要点见表 2-2。

[①] 将 2019 年 4 月 1 日的价格与 2020 年 4 月 1 日的价格相比。

表2-2　中国碳排放权交易试点机制设计要点

试点区域	立法形式	覆盖行业	纳入门槛	配额分配方法	国家核证自愿减排量（CCER）抵销比例	处罚措施
北京市	地方人大立法《关于北京市在严格控制碳排放总量前提下开展碳排放权交易试点工作的决定》；地方人大立法《北京市碳排放权交易管理办法（试行）》	工业：电力、热力、水泥、石化等；服务业：交通运输业	2013—2015年 CO_2 排放量 ≥ 10 000 t/a；2016年 CO_2 排放量 ≥ 5 000 t/a	历史排除法、历史排放强度法、行业基准法（针对新增设施）	不超过配额的5%，其中来自本地项目的CCER占50%以上	3～5倍罚款
上海市	地方政府规章《上海市碳排放管理试行办法》	工业：钢铁、石化、化工、电力、有色、建材、造纸、橡胶、化纤；非工业：航空、港口、机场、铁路、商业、宾馆、金融、水运	工业： CO_2 排放量 ≥ 20 000 t/a；非工业： CO_2 排放量 ≥ 10 000 t/a	历史排放法、历史强度法、行业基准法	分配配额量的5%，年度基础配额的1%	5万～10万元罚款
天津市	规范性文件《天津市碳排放权交易管理暂行办法》	钢铁、化工、电力、热力、石化、油气开采、建材、造纸、航空	CO_2 排放量 ≥ 20 000 t/a	历史排放法、历史排放强度法、行业基准法（针对新增设施）	不超过企业年度排放量的10%	3年内不享有贷款、扶持等方面的优先资格

试点区域	立法形式	覆盖行业	纳入门槛	配额分配方法	国家核证自愿减排量（CCER）抵销比例	处罚措施
重庆市	规范性文件《重庆市碳排放权交易管理暂行办法》	电解铝、钛合金、电石、烧碱、水泥、钢铁等	CO_2排放量≥20 000 t/a	企业自行申报所需配额	不超过该年度企业审定排放量的8%	通报批评，3 年内不评先进
广东省	地方政府规章《广东省碳排放管理试行办法》	电力、钢铁、水泥、石化、造纸、航空	CO_2排放量≥20 000 t/a，或综合能耗≥10 000 tec/a	历史排除法、行业基准法、历史强度下降法	不超过企业上年度排放量的10%，本地CCER占70%以上	5 万元以下罚款
湖北省	地方政府规章《湖北省碳排放权管理和交易暂行办法》	电力、钢铁、水泥、化工、非金属、玻璃、造纸等16 个行业	2014—2016 年任意一年综合能耗≥10 000 tec/a	历史强度法、历史排放法、行业基准法	不超过年度初始配额的10%	15 万元以下罚款
深圳市	地方人大立法《深圳经济特区碳排放管理若干规定》；地方政府规章《深圳市碳排放权交易管理暂行办法》	工业：电力、热力、水务制造业等；公共建筑：机关建筑	企业 CO_2排放量≥3 000 t/a；公共建筑面积≥20 000 m^2；机关建筑面积≥10 000 m^2	行业基准法、目标碳强度法、历史碳强度法	不超过企业年度排放量的10%	3 倍罚款

思考题

1. 中国应对气候变化的重大意义是什么？

2. 中国应对气候变化战略包括几个方面？

3. 国家层面应对气候变化的组织体系是什么？国家应对气候变化的政府职责在哪个部委？

4. 国家应对气候变化的工作原则是什么？主要目标是什么？

5. 中国碳排放权交易试点是在什么时间、什么行政范围内开展？

6. 在全国开展碳排放权交易的政策依据是什么？

第二篇
碳排放权交易基础

Carbon

TANPAIFANG QUAN
JIAOYI PEIXUN JIAOCAI

3 碳排放权交易概述

3.1 碳排放权交易的内涵

碳排放权交易是指在一个特定管辖区域内，确立一定时限内的碳排放总量，并将总量以配额的形式分配到个体或组织，使其拥有合法的碳排放权利，并允许这种权利像商品一样在交易市场的参与者之间进行交易，确保碳实际排放不超过限定的排放总量（或以其他补充交易标的物进行抵销），以成本效益最优的方式实现碳排放控制目标的市场机制，也称"总量控制与排放交易"机制，简称"限额-交易"机制。

碳排放权交易与实物交易的主要区别在于其交易标的物"配额"是一种虚拟产品。碳排放权交易的基本要素有交易主体、时间尺度、总量目标、交易标的物（配额或其他自愿减排信用产品）、交易、核算、履约，以及围绕上述要素所建立的支持体系。碳市场的成功运行需要政府、企业的共同努力。

3.1.1 政府层面

碳排放配额总量确定。碳排放配额总量控制的严与宽关系到经济发展、能源结构、消费导向等多个方面。《全国碳排放权交易市场建设方案（发电行业）》（发改气候规〔2017〕2191 号）（以下简称《碳市场建设方案》）中提出 "在不影响经济平稳健康发展的前提下，分阶段、有步骤地推进碳市场建设"和"配额总量适度从紧"的原则。

参与碳排放权交易主体确定。参与主体决定了碳排放权交易市场的大小和复杂程度。《碳市场建设方案》提出了"先易后难，循序渐进"的原则，优先选择发电行业，交易范围为全国。充分体现了发电行业在全国范围内具有电能和电力资产优化配置的特点，以便在更大范围内发挥市场机制作用。在《碳市场建设方案》中规定了"初期交易产品为配额现货，条件成熟后增加符合交易规则的国家核证自愿减排量及其他交易产品"。

配额分配方案确定。《碳市场建设方案》中提出"各省级及计划单列市应对气候变化主管部门按照标准和办法向辖区内的重点排放单位分配配额"。"配额分配"是政府在碳市场建设中引导市场方向、形成和影响碳价格的核心手段。政府通过制订公平、公正的分配方法，协调分配中的利益、减少分配中的矛盾。

政策间协调。具有相似作用政策之间的协调是决定碳市场成败的重要方面。《碳市场建设方案》中提出，要统筹区域、行业可持续发展与控制温室气体排放需要，按照供给侧结构性改革总体部署，加强与电力体制改革、能源消耗总量和强度"双控"、大气污染防治等相关政策措施的协调。

3.1.2 企业层面

要清晰、准确认识低碳发展的方向。低碳发展是历史的必然，也是能源转型的关键所在。碳排放权交易是落实国家碳达峰目标、碳中和愿景的制度创新和重要政策手段。将市场机制作为企业清洁低碳转型发展的动力。

积极参与全国碳市场。寻找企业低成本减碳的方法和措施，提前对发展战略进行相应调整，防范在低碳发展中可能出现的重大经营风险。要在持续开展技术创新的同时，利用碳市场机制进行管理创新，从传统的生产经营模式向碳市场机制下的新模式转变，争取从比较优势中获得效益。

熟知碳市场规则。配额一旦分配完成，各个企业千差万别的内外部条件、机遇会造成碳减排边际成本的差异，这种差异使企业将在市场机制下形成的碳价格和企业自身碳减排成本进行比较、选择。企业可以通过各种减排措施完成配额履约，也可以通过购买配额履约，还可以通过多减排而卖出多余配额以获取收益。

碳排放权交易的实质是允许减排成本低的企业多减排，进而以相对高的价格出售省下来的碳排放配额而获利；同时允许减排成本高的企业以相对低的价格购买碳排放配额，从而降低各企业实现目标的减排成本。从社会总体角度来看，碳排放权交易相当于在实现社会总体控排目标的同时降低了实现整体控排目标的成本，或者说在既定的整体控排目标下，实现更大的整体发展利益。当然，碳市场机制在实际运行中并非如此简单，需要考虑对全社会减排成本的影响，其中包括交易本身的成本及政策执行成本等因素。

3.2 碳排放权交易工作原理

碳排放权交易机制的重要理论依据之一是科斯定理。科斯定理可以从两方面理解：一是在产权界定明确且可以自由交易的前提下，如果交易成本为零，不论最初产权属于谁都不影响资源配置效率，资源配置将达到最优；二是在存在交易成本即交易成本为正的情况下，不同的权利界定会带来不同效率的资源配置。在实践中，完全满足科斯定理的条件是不存在的，交易费用不可能为零，但是科斯定理指明了碳排放权交易是以产权经济学基本原理为理论基础的。具体交易方式是由政府部门确定碳排放总量，并在总量范围内将碳排放权分配给各个控排企业使用，各控排企业可以根据自己的实际情况决定是否进行转让或进入市场交易等操作，从而达到控制碳排放和实现经济效益的目标。在中国，虽然碳排放权的产权性质仍未得到法律层面的定位，但是通过政府分配配额，仍然可发挥市场机制作用。

碳排放权交易国际实践的具体做法是：在一个碳排放权交易体系下，由政府部门在一个或多个行业中设定排放总量，并在总量范围内发放一定数量的可交易配额，一般每个配额对应 1 tCO_2e。

碳排放权交易体系中，控排企业要为其承担责任的排放量上缴配额。初始配额可能会免费获得或有偿向政府购买。控排企业及其他主体还可以选择交易配额或跨期存储配额，以供未来使用。根据不同规则，还可使用从其他渠道获取的合法排放量单位，如国内碳抵销机制（来自总量控制范围之外的行业）、国际碳抵销机制或其他碳排放权交易体系。

控制配额总量可以通过市场影响配额价格，以形成鼓励减排的激励机制。例如，更严格的总量控制转化为更少的配额供应，在其他条件完全相同的情况下，配额价格往往较高，从而起到强有力的减排激励作用。此外，通过市场交易，使配额的价格趋同，形成价格信号，有利于发展低碳商品与服务。政府制定配额总量预期目标可形成长期市场信号，以指导控排对象相应调整规划与投资策略。

配额可免费分配或予以出售（通常以有偿竞买形式），免费配额分配应综合考虑历史排放量、产量和/或能效标准等因素。配额的有偿竞买不仅有助于形成透明的价格，还能增加政府的财政收入。政府可将此收入用于各类用途，如资助气候行动、支持创新或帮助低收入家庭等。此外，碳排放权交易体系还可以运用其他机制为价格可预测性、成本控制及市场有效运作提供支持。配额出售应充分考虑各种碳减排政策和产业政策的协同效应，使碳减排政策与碳市场所要达到的价值目的一致。

通过落实监测、报告、核查体系和执行违规处罚等举措，可确保碳排放权交易体系的完整性。其中，建立注册登记制度有助于营造碳排放权交易体系的诚信环境。在向登记处发放配额时会对应唯一的序列号，允许在注销配额或配额在不同参与者之间交易时进行跟踪。市场监管规定保障交易活动具有更广泛的可信度。

不同司法管辖区可选择通过相互承认配额或其他形式的碳排放权单位（如抵销量等）直接或间接链接其碳排放权交易体系。此类链接不仅能够拓宽以最低成本实现减排目标的渠道，还有助于进一步吸引资源、为市场流动性提供支持，使碳定价领域的政治合作成为可能。

碳排放权交易体系的基本框架见图 3-1。

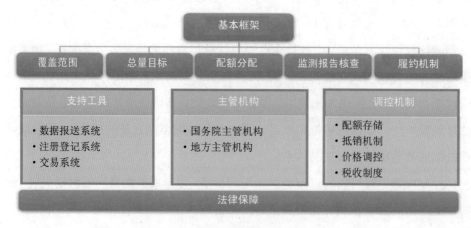

图 3-1　碳排放权交易体系的基本框架

3.3　碳排放权交易体系分类

（1）根据是否具有强制性分类

根据是否具有强制性，碳排放权交易市场可分为强制性（或称履约型）碳排放权交易市场和自愿性碳排放权交易市场。

强制性碳排放权交易市场是目前国际上运用最普遍的碳排放权交易市场。较为典型或影响力较大的有欧盟碳排放交易体系（EU-ETS）、美国区域温室气体倡议（RGGI）、美国加州总量控制与交易体系（California Cap & Trade）等。

自愿性碳排放权交易市场多出于企业履行社会责任、强化品牌建设、扩大社会效益等非履约目标，或是具有社会责任感的个人为抵销个人碳排放、实现碳中和生活而主动采取碳排放权交易行为以实现减排。

（2）根据市场类型分类

根据市场类型，碳排放权交易市场可分为一级市场和二级市场。

一级市场是对碳排放权进行初始分配的市场体系。政府对碳排放空间使用权的完全垄断，使一级市场的卖方只有政府一家，买方包括履约企业和规定的组织，交易标的物仅包括碳排放权一种，政府对碳排放权的价格有控制力。

二级市场是碳排放权的持有者（下级政府、企业及其他纳入市场的主体）开展现货交易的市场体系。

3.4　全国碳市场进展

2011 年 3 月，《中华人民共和国国民经济和社会发展第十二个五年规划纲要》明确要求逐步建立碳排放权交易市场。2013—2014 年，7 个碳排放权交易试点先后启动运行。

2014 年 12 月，国家发展改革委颁布《碳排放权交易管理暂行办法》（国家发展改革委令　第 17 号）对碳排放配额和国家核证温室气体自愿减排量（以下简称国家核证自愿减排量，CCER）的交易活动进行了框架性的规定，明确了全国碳排放权交易市场建立的主要思路和管理体系，包括配额管理、排放权交易、核查与配额清缴、监督管理、法律责任等。该办法作为第一份适用于中国国家碳市场的文件，释放了国家碳市场建设起步的明确信号，为后续一系列相关工作的开展提供了重要支撑。

2015 年 9 月，《中美元首气候变化联合声明》提出，中国计划于 2017 年启动全国碳排放权交易体系。2015 年以来，国务院法制办会同国家发展改革委开展了《全国碳排放权交易管理条例》的立法相关工作。

2016 年 3 月，第十二届全国人民代表大会第四次会议批准《中华人民共和国国民经济和社会发展第十三个五年规划纲要》，提出："推动建设全国统一的碳交易市场，实行重点单位碳排放报告、核查、核证和配额管理制度。"

2016 年 10 月，国务院印发《"十三五"控制温室气体排放工作方案》（国发〔2016〕61 号），在"建设和运行全国碳排放权交易市场"部分提出："建立全国碳排放权交易制度，启动运行全国碳排放权交易市场，强化全国碳排放权交易基础支撑能力。"

2017 年 12 月，国家发展改革委印发《全国碳排放权交易市场建设方案（发电行业）》，标志着全国碳排放权交易体系正式启动。按照国家生态文明建设和控制温室气体排放的总体要求，在不影响经济平稳健康发展的前提下，分阶段、有步骤地推进碳市场建设。在发电行业（含热电联产，下同）率先启动全国碳排放权交易体系，逐步扩大参与碳市场的行业范围，增加交易品种，不断完善碳市场。

2020 年 12 月 31 日，生态环境部印发《碳排放权交易管理办法（试行）》（生态环境部令 第 19 号），规范了全国碳排放权交易及相关活动，包括碳排放配额分配和清缴，碳排放权登记、交易、结算，温室气体排放报告与核查等，以及对前述活动的监督管理。

2021 年 3 月，生态环境部印发《企业温室气体排放核算方法与报告指南 发电设施（2021 年修订版）》（环办气候〔2021〕9 号）和《企业温室气体排放报告核查指南（试行）》（环办气候函〔2021〕130 号）。两个文件根据《碳排放权交易管理办法（试行）》的要求，进一步规范了全国碳排放权交易市场企业温室气体排放核算、报告和核查活动。

2021 年 5 月 17 日，生态环境部印发《生态环境部关于发布〈碳排放权登记管理规则（试行）〉〈碳排放权交易管理规则（试行）〉和〈碳排放权结算管理规则（试行）〉的公告》（生态环境部公告　2021 年第 21 号），进一步规范了全国碳排放权登记、交易、结算活动，保护了全国碳排放权交易市场各参与方的合法权益，文件自公告发布之日起施行。

全国碳排放权交易体系建设相关文件见表 3-1。

表 3-1　全国碳排放权交易体系建设相关文件

类别	文件名称及描述
法律制度	• 《碳排放权交易管理暂行条例》的起草和完善为碳交易奠定法规基础 • 2020 年 12 月 31 日发布《碳排放权交易管理办法（试行）》 • 2021 年 5 月印发《碳排放权登记管理规则（试行）》《碳排放权交易管理规则（试行）》《碳排放权结算管理规则（试行）》
纳入企业名单	• 2020 年 12 月 30 日印发《纳入 2019—2020 年全国碳排放权交易配额管理的重点排放单位名单》
配额分配方案	• 2020 年 12 月 30 日印发《2019—2020 年全国碳排放权交易配额总量设定与分配实施方案（发电行业）》
会计处理	• 2019 年 12 月 16 日，财政部会计司印发《碳排放权交易有关会计处理暂行规定》，明确碳排放配额与国家核证自愿减排量的会计处理原则和披露要求，为进一步明确全国碳市场参与企业的税收处理和审计要求奠定了基础
技术规范体系	• 2019 年 12 月 27 日，生态环境部印发《生态环境部办公厅关于做好 2019 年度碳排放报告与核查及发电行业重点排放单位名单报送相关工作的通知》，明确与碳排放报告和核查有关工作的范围涵盖石化、化工、建材、钢铁、有色、造纸、电力、航空等重点排放行业 • 2021 年 3 月 26 日，生态环境部印发《企业温室气体排放报告核查指南（试行）》 • 2021 年 3 月 29 日，生态环境部印发《关于加强企业温室气体排放报告管理相关工作的通知》
基础设施建设	• 建设完成全国碳排放数据报送和监管系统、全国碳排放权注册登记系统、全国碳排放权交易系统
能力建设	• 生态环境系统牵头开展大规模培训，中国电子企业联合会组织运行测试相关工作

2021 年 7 月 16 日，全国碳排放权交易市场上线交易启动仪式以视频连线形式举行。全国碳市场的碳排放权注册登记系统由湖北省牵头建设、运行和维护，交易系统由上海市牵头建设、运行和维护，数据报送系统依托全国排污许可证管理信息平台建成。全国碳市场第一个履约周期为 2021 年全年，共纳入发电行业重点排放单位 2 162 家，年覆盖约 45 亿 t 二氧化碳排放量，是全球规模最大的碳市场。

全国碳市场运行流程见图 3-2。

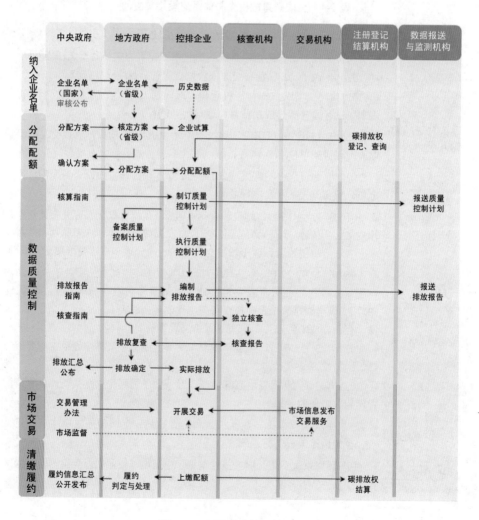

图 3-2　全国碳市场运行流程

在全国碳排放权交易市场，发电行业作为首先纳入的行业，其各相关主体的地位和作用各不相同，具体见表3-2。

表3-2 全国碳市场参与主体的地位和作用

主体	地位和作用
国家主管部门	1. 立法机关制定碳排放权交易相关法律、法规； 2. 政府主管部门建立、管理并监督全国碳排放权交易市场，保障国家阶段性碳减排目标的实现； 3. 政府主管部门制定并颁布国家碳排放权交易相关规则和标准
地方主管部门	1. 贯彻落实国家有关碳排放权交易的法律法规政策要求； 2. 监督管理本区域内企业的碳排放权交易市场
行业组织	1. 参与制订电力行业碳排放权交易相关规则，开展电力行业应对气候变化统计工作； 2. 行业自律与服务，开展电力行业碳排放权交易培训、技术咨询、评价、推广协调工作
核查机构	受政府、行业、企业委托，从事发电企业碳排放核查等相关活动
发电集团	进行集团内整体碳资产配置： 1. 完成相关能力建设和制度建设； 2. 发挥对所属发电企业的碳资产调配作用，发电集团可以通过内部碳资产调配，为所属控排企业完成碳排放履约的同时，在集团范围内优化配置碳排放权资源，将集团整体碳资产收益最大化； 3. 强化所属控排企业的碳管理能力，通过集团化管理，充分发挥集团内部资源、市场、技术的优势，克服单个发电企业在碳资产管理、运作上经验不足的短板效应
发电企业	发电企业作为基本核算单位开展碳排放权交易： 1. 明确与碳排放权交易相关的职能部门和岗位，建立各部门和岗位之间的协调机制，制定内部规范性文件、管理流程和工作手册等管理工具； 2. 完成企业碳排放核算、报告等； 3. 实施减排或市场交易，完成履约，实现碳减排目标； 4. 开展能力建设工作，提升对碳排放权交易的认识和管理水平

3.5 碳市场支撑系统

3.5.1 全国碳排放数据报送和监管系统

为推动温室气体排放控制工作与污染物防治工作的统筹融合,生态环境部在已有的全国排污许可证管理信息平台增加了碳排放数据报送和监管系统。全国碳排放权交易市场重点排放单位可通过碳排放数据报送与监管系统报送碳排放相关数据,省级生态环境部门将组织对排放单位提交的碳排放相关数据进行审核查验,实现全国碳排放权交易市场重点排放单位在同一平台上报送温室气体排放数据和排放报告,省级生态环境部门在同一平台上进行数据审核、支撑现场核查。

全国碳排放数据报送和监管系统企业端由数据质量控制计划备案和质量控制计划报送两个模块组成。重点排放单位可登录系统填报数据质量控制计划内容,进行数据质量控制计划备案;重点排放单位可在线填报碳排放数据报告,并提交给省级生态环境主管部门进行审核。

3.5.2 全国碳排放权注册登记结算系统

全国碳排放权注册登记结算系统(以下简称注册登记系统)是指为各类市场主体提供碳排放配额和国家核证自愿减排量的法定确权、登记和结算服务,并实现配额分配、清缴及履约等业务管理的电子系统。总体来说,注册登记系统是统一存放全国碳排放权交易中碳资产和资金的"仓库"。注册登记系统对全国碳排放权的持有、变更、清缴和注销等实施集中统一登记。国务院碳排放交易主管部门通过制定《碳排放权交易管理办法(试行)》《碳排放权登记管理规则(试行)》《碳排放权结算管理规则(试行)》及其配套业务管理细则,对注册登记系统及其管理机构实施监管。

注册登记系统使用用户包括国务院碳排放交易主管部门、省级主管部门等,以及重点排放单位、项目业主等市场参与主体。系统用户实行分级管理,分为管理层和市场参与层。管理架构分为三层:第一层为国务院碳排放交易主管部门,管理系统内所有系统用户;第二层为省级主管部门,管理所辖区域重点排放单位;第三层为市场参与主体,包括重点排放单位等市场参与主体。面对不同类型的用户,注册登记系统提供不同的功能。

3.5.3 全国碳排放权交易系统

根据碳排放权交易相关管理制度规定,交易机构应为碳排放权交易提供交易、结算、行情发布系统等基础设施。交易系统是为了支撑整个碳排放权交易的网上开户、客户管理、交易管理、挂单申报、撮合成交、清算交割、行情发布、风险控制、市场监管等综合功能的电子系统。交易系统的目标是高效、安全、便捷地实现碳排放权交易,主要功能包括:交易,主要作用是组织碳排放产品的挂单、撮合与成交;结算,为碳排放权交易提供清算、交收和过户;信息发布,实时发布每日碳排放权交易的行情信息和市场历史信息;市场监管,负责对交易行为进行监控并发出预警。

思考题

1. 碳排放权交易与碳排放配额总量控制是什么关系?
2. 碳排放权交易的主要目的是什么?
3. 碳排放权交易的理论基础和原理是什么?有哪些基本要素?
4. 碳排放权交易体系中的强制型与自愿型有什么异同点?
5. 国际上主要的碳排放权交易市场有哪些?
6. 如何确保碳排放权交易体系的完整性?
7. 碳排放权交易市场根据是否具有强制性可分为哪两类?

4 数据质量管理

4.1 数据质量管理的概念

数据质量管理是指碳排放的量化与数据质量保证的过程，包括监测（monitoring）、报告（reporting）和核查（verification）。监测是指对温室气体排放或其他有关温室气体的数据连续性或周期性的监督及测试；报告是指向相关部门或机构提交有关温室气体排放的数据以及相关文件；核查是指相关机构根据约定的核查准则对温室气体声明进行系统的、独立的评价，并形成文件的过程。

科学完善的数据质量管理体系是碳排放权交易机制建设运营的基本要素，是碳市场建设的重要内容，也是企业低碳转型、政府低碳决策的重要支撑。

4.2 数据质量管理体系建设现状

4.2.1 政策规范要求

《中华人民共和国国民经济和社会发展第十二个五年规划纲要》提出要建立完善温室气体统计核算制度，逐步建立碳排放权交易市场，国务院《"十二五"控制温室气体排放工作方案》（国发〔2011〕41 号）中明确提出"建立温室气体排放基础统计制度，研究制定重点行业和企业温室气体排放核算指南，构建国家、地方、企业三级温室气体排放核算工作体系，实行重点企业直接报送能源和温室气体排放数据制度"。国家发展改革委印发了《国家发展改革委关于组织开展重点企（事）业单位温室气体排放报告工作的通知》（发改气候〔2014〕63 号），对指导原则、报告主体、报告内容、报告程序等作了规定。

国家发展改革委于2013—2015年先后发布三批共24个行业企业温室气体排放核算方法与报告指南（以下简称核算指南），见表 4-1。

表 4-1　核算指南发布情况一览表

发布时间/发文编号	行业
2013 年 10 月 15 日 发改办气候〔2013〕2526 号	10 个：发电、电网、钢铁、化工、电解铝、镁冶炼、平板玻璃、水泥、陶瓷、民用航空
2014 年 12 月 3 日 发改办气候〔2014〕2920 号	4 个：石油天然气、石油化工、煤炭生产、独立焦化
2015 年 7 月 6 日 发改办气候〔2015〕1722 号	10 个：机械设备制造、电子设备制造、食品/烟草及酒/饮料和精制茶、造纸和纸制品、公共建筑运营、陆上交通运输、矿山、其他有色金属冶炼与压延加工、氟化工、工业其他行业

2021 年 3 月，根据《碳排放权交易管理办法（试行）》规定和《2019—2020年全国碳排放权交易配额总量设定与分配实施方案（发电行业）》要求，生态环境部编制并印发了《企业温室气体排放报告核查指南（试行）》（环办气候函〔2021〕130 号）和《关于加强企业温室气体排放报告管理相关工作的通知》（环办气候〔2021〕9 号），进一步规范全国碳排放权交易市场企业温室气体排放报告核查活动。

4.2.2　制度要求

2016 年 1 月，国家发展改革委办公厅印发了《国家发展改革委办公厅关于切实做好全国碳排放权交易市场启动重点工作的通知》（发改办气候〔2016〕57号），对纳入控排企业排放数据填报、配额分配及履约相关的补充数据核算报告填报、核查机构及人员要求、第三方核查的程序和核查报告的格式、核查报告审核与报送等监测、报告、核查体系的相关方面作出了详细的规定。

为推动全国碳市场建设和更好地开展监测、报告与核查等工作，国家发展改革委、生态环境部先后印发了关于 2017 年、2018 年和 2019 年度碳排放报告与核查及排放数据质量控制计划制订工作的通知，对该年度碳排放数据报告与核查及排放监测工作进行指导和要求。

2021 年 3 月，生态环境部办公厅印发《企业温室气体排放报告核查指南（试行）》（环办气候函〔2021〕130 号），规定了重点排放单位温室气体排放报告的核查原则和依据、核查程序和要点、核查复核以及信息公开等内容。

4.3 数据质量管理工作要求

温室气体排放的数据质量管理主要包括选择适用的核算指南、制定数据质量控制计划和排放报告、评审数据质量控制计划、核查排放报告等工作。

数据质量管理工作基本流程见图 4-1。

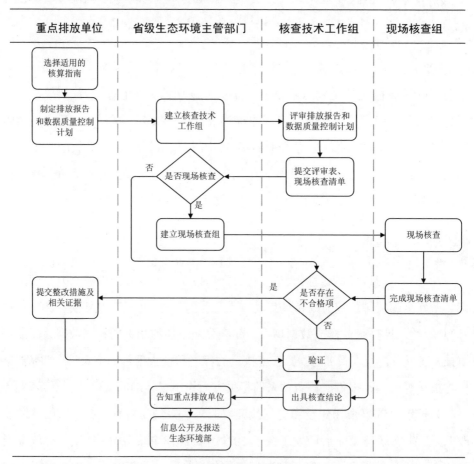

图 4-1 数据质量管理工作基本流程

自 2018 年机构改革以来，生态环境部为了不断加强温室气体和污染物的协同管理，明确并进一步加强企业对数据准确性的主体责任，探索利用生态环境系统已有的制度和工作队伍优势开展企业温室气体排放报告核查工作，于 2021 年 3 月印发《企业温室气体排放报告核查指南（试行）》（环办气候函〔2021〕130 号）和《关于加强企业温室气体排放报告管理相关工作的通知》（环办气候〔2021〕9 号），对未来开展重点排放单位监测、报告及核查实施等有关工作的流程和时间提出了具体要求（图 4-2）。

图 4-2　2021 年发电行业温室气体排放报告工作流程和时间

（1）温室气体排放数据报告

省级生态环境主管部门组织行政区域内的发电行业重点排放单位依据《碳排放权交易管理办法（试行）》相关规定和《企业温室气体排放核算方法与报告指南 发电设施》，通过环境信息平台填报温室气体排放数据。发电行业 2020 年度温室气体排放情况、有关生产数据及支撑材料于 2021 年 4 月 30 日前完成线上填报。其他行业重点排放单位于 2021 年 9 月 30 日前填报完成。

（2）组织核查

省级生态环境主管部门组织开展对重点排放单位 2020 年度温室气体排放报告的核查，并填写核查数据汇总表，核查数据汇总表加盖公章后报送生态环境部应对气候变化司。其中,发电行业的核查数据报送工作于 2021 年 6 月 30 日前完成,其他行业的核查数据报送工作于 2021 年 12 月 31 日前完成。

(3)报送发电行业重点排放单位名录和相关材料

省级生态环境主管部门于 2021 年 6 月 30 日前,向生态环境部报送本行政区域 2021 年度发电行业重点排放单位名录,并向社会公开,同时参照《关于做好全国碳排放权交易市场发电行业重点排放单位名单和相关材料报送工作的通知》(环办气候函〔2019〕528 号)要求,报送新增发电行业重点排放单位的系统开户申请表和账户代表人授权委托书。

(4)配额核定和清缴履约

2021 年 9 月 30 日前完成发电行业重点排放单位 2019—2020 年度的配额核定工作,2021 年 12 月 31 日前完成配额的清缴履约工作。

(5)监督检查

省级生态环境主管部门对重点排放单位温室气体排放做日常管理,重点对相关实测数据、台账记录等进行抽查,监督检查结果及时在省级生态环境主管部门官方网站公开。

4.3.1 数据质量控制计划内容

为确保监测能够为配额分配和企业履约提供高质量数据和保障,根据国家政府主管部门的要求,纳入全国碳排放权交易的控排企业要建立数据质量控制计划并执行。纳入重点排放单位的数据质量控制计划包括五部分内容,分别为数据质量控制计划的版本及修订、重点排放单位情况、核算边界和主要排放设施描述、数据的确定方式以及数据内部质量控制和质量保证相关规定。在制订计划的过程中,需要特别注意核算边界的确认和排放源的识别。

数据质量控制计划的制订需要明确使用与碳排放配额分配及履约相关的量化核算标准或指南。在全国碳市场建设过程中,已经发布或应用的核算指南主要采用两种核算方法:排放因子法、物料平衡法,同时也提及了在线监测的方法。核算方法学的制定考虑不同规模企业的数据基础、知识基础、经济性及数据可获得性等因素，依据给定的核算方法，需要对不同的活动水平数据、排放因子等开展监测工作。对于同一行业制定适合的符合核算方法，并满足配额分配与纳入控排企业履约等的数据质量控制计划，可以使同类企业获得相对公平的机会。

名词扩展 ▶

活动水平：量化导致温室气体排放的生产或消费活动的活动量，如各种化石燃料的消耗量、原材料的使用量、购入的电量等。

排放因子：量化每单位活动水平的温室气体排放量的系数。排放因子通常基于抽样测量或统计分析获得，表示在给定操作条件下某一活动水平的代表性排放率。

4.3.2 数据质量控制计划要求

省级生态环境主管部门建立的技术工作组根据相应行业的温室气体排放核算方法与报告指南、相关技术规范，对重点排放单位提交的数据质量控制计划等支撑材料进行文件评审，初步确认重点排放单位的温室气体排放量和相关信息的符合情况。

技术工作组可根据核查工作需要，调阅重点排放单位提交的相关支撑材料，如组织机构图、厂区平面分布图、工艺流程图、设施台账、生产日志、监测设备和计量器具台账、支撑报送数据的原始凭证，以及数据内部质量控制和质量保证相关文件与记录等。

数据质量控制计划审核内容及要求见表 4-2。

表4-2 数据质量控制计划审核内容及要求

序号	审核内容	审核要求
1	数据质量控制计划版本的审核	对于初次发布的数据质量控制计划,确认其发布时间与实际情况符合。如对数据质量控制计划实施修订,应确认修订的时间和版本与实际情况符合。如有修订,应确认修订满足下述情况之一或相关核算指南规定: • 因排放设施发生变化或使用新燃料、物料产生了新排放; • 采用新的测量仪器和测量方法,提高了数据的准确度; • 发现按照原数据质量控制计划的监测方法核算的数据不正确; • 发现修订数据质量控制计划可提高报告数据的准确度; • 发现数据质量控制计划不符合核算指南要求
2	重点排放单位情况	确认数据质量控制计划中重点排放单位的基本信息、主营产品、生产设施信息、组织机构图、厂区平面分布图、工艺流程图等相关信息的真实性和完整性
3	核算边界和主要排放设施描述	包括国家主管部门发布的核算指南中规定的边界范围,如法人边界的核算范围、补充数据表的核算范围以及主要排放设施等
4	数据的确定方式	• 是否对参与核算所需要的各项数据都确定了获取方式,各项数据的单位是否符合核算指南要求; • 各项数据的计算方法和获取方式是否合理且符合核算指南的要求; • 数据获取过程中涉及的测量设备的型号、位置是否属实; • 监测活动涉及的监测方法、监测频次、监测设备的精度和校准频次等是否符合核算指南及相应的监测标准的要求; • 数据缺失时的处理方式是否按照保守性原则确保不会低估排放量或过量发放配额
5	数据内部质量控制和质量保证相关规定	确认相关制度安排合理、可操作并符合核算指南要求: • 数据内部质量控制和质量保证相关规定; • 数据质量控制计划的制订、修订、内部审批及执行等方面的管理规定; • 人员的指定情况,内部评估以及审批规定; • 数据文件的归档管理规定等

4.3.3 排放报告

温室气体排放报告是指重点排放单位根据生态环境部制定的核算指南及相关技术规范编制的载明重点排放单位温室气体排放量、排放设施、排放源、核算边界、核算方法、活动数据、排放因子等信息，并附有原始记录和台账等内容的报告。

温室气体排放报告流程见图 4-3。

图 4-3　温室气体排放报告流程示意图

重点排放单位应按照对应行业的核算指南或者生态环境部发布的通知中对碳排放补充数据核算报告模板的要求进行报告。

温室气体排放报告项目与内容见表 4-3。

表 4-3　温室气体排放报告项目与内容

报告项目	报告内容
主体基本信息	主体基本信息应包括企业名称、单位性质、报告年度、所属行业、组织机构代码、法定代表人、填报负责人和联系人信息
温室气体排放量	报告主体应报告在核算和报告期内温室气体排放总量，并分别报告化石燃料燃烧排放量、脱硫过程排放量、净购入使用的电力产生的排放量
活动水平及其来源	如果企业生产其他产品，则应按照相关行业的核算指南的要求报告其活动水平数据及来源
排放因子及其来源	报告主体应报告消耗的各种化石燃料的单位热值含碳量和碳氧化率，脱硫剂的排放因子，净购入使用电力的排放因子 如果企业生产其他产品，则应按照相关行业的核算指南的要求报告其排放因子数据及其来源

4.3.4 排放报告核查

（1）组织核查

省级生态环境主管部门在接到重点排放单位温室气体排放报告时应根据国家碳交易主管部门的通知要求在规定的时间内组织核查，并向重点排放单位反馈核查结果。核查结果作为重点排放单位碳排放配额的清缴依据。

对重点排放单位温室气体排放报告的核查程序包括核查安排、建立核查技术工作组、文件评审、建立现场核查组、现场核查、出具"核查结论"、告知核查结果、保存核查记录八个步骤。其核查工作流程见图 4-4。

1）核查安排。省级生态环境主管部门确定核查任务、进度安排及所需资源；省级生态环境主管部门确定是否通过政府购买服务的方式委托技术服务机构提供核查服务。

2）建立核查技术工作组。省级生态环境主管部门建立一个或多个核查技术工作组实施文件评审；核查技术工作组的工作可由省级生态环境主管部门及其直属机构完成，也可通过政府购买服务的方式委托技术服务机构完成。

3）文件审核。核查技术工作组进行文件评审，完成"文件评审表"，编写"现场核查清单"，提交省级生态环境主管部门。

4）建立现场核查组。省级生态环境主管部门建立现场核查组；现场核查组的工作可由省级生态环境主管部门及其直属机构完成，也可通过政府购买服务的方式委托技术服务机构完成。现场核查组组员原则上应为核查技术工作组的成员。对于核查人员调配存在困难等情况，现场核查组的成员可以与核查技术工作组的成员不同。

5）现场核查。现场核查组做好事先准备工作，配备必要的装备；现场核查组在重点排放单位现场查、问、看、验，收集相关证据；核查技术工作组判断是否存在不符合项。

6）出具"核查结论"。核查技术工作组出具"核查结论"；核查技术工作组将核查结论提交省级生态环境主管部门。

7）告知核查结果。省级生态环境主管部门将核查结果告知重点排放单位；告知结果前，如有必要可进行复查。

8）保存核查记录。省级生态环境主管部门保存核查过程中产生的记录；技术服务机构将相关记录纳入内部质量管理体系进行管理。

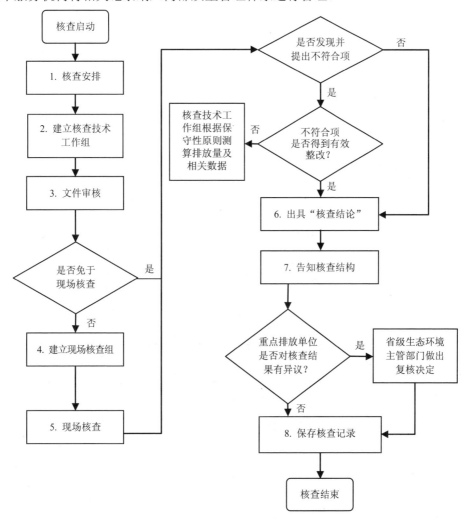

图 4-4　重点排放单位温室气体排放报告的核查工作流程

（2）异议处理

重点排放单位对核查结果有异议的,可以自收到核查结果之日起 7 个工作日内，向组织核查的省级生态环境主管部门申请复核；省级生态环境主管部门自接到复核申请之日起 10 个工作日内，做出复核决定。

（3）核查要求

2021 年 3 月，生态环境部新发布的《企业温室气体排放报告核查指南（试行）》关于排放报告核查的程序等较往年公布的核查指南有了一定的变化。

核查内容主要包括基本情况、核算边界、核算方法、核算数据、质量保证和文件存档五个方面，排放报告核查指南对核查内容的五个方面均提出了具体要求。

核查机构核查的内容及要求见表 4-4。

表 4-4　核查机构核查的内容及要求

序号	核查内容		核查要求
1	基本情况		• 企业（或者其他经济组织）名称、单位性质、所属行业领域、统一社会信用代码、法定代表人、地理位置、排放报告联系人等基本信息； • 企业（或者其他经济组织）内部组织结构、主要产品或服务、生产工艺、使用的能源品种及年度能源统计报告情况
2	核算边界		• 是否以独立法人或视同法人的独立核算单位为边界进行核算； • 核算边界是否与相应行业的核算指南一致； • 纳入核算和报告边界的排放设施和排放源是否完整； • 与上一年度相比，核算边界是否存在变更
3	核算方法		• 确定核算方法符合相应行业的核算指南的要求，对任何偏离指南要求的核算都应在核查报告中予以详细的说明
4	核算数据	活动数据及来源	• 对每个活动数据的来源及数值进行核查； • 核查的内容包括活动数据的单位、数据来源、检测方法、监测频次、记录频次、数据缺失处理（如适用）等，对每个活动数据的符合性进行报告
		排放因子及来源	• 对排放报告中的每个排放因子和计算系数的来源及数值进行核查
		温室气体排放量	• 对法人边界范围内分类排放量和汇总排放量的核算结果进行核查； • 对排放报告中排放量的核算结果进行核查
		配额分配补充数据	• 核查的内容至少应包括数据的单位、数据来源、监测方法、监测频次、记录频次、数据缺失处理（如适用）等内容，并对每个数据的符合性进行报告； • 应将每个数据与其他数据来源进行交叉核对

序号	核查内容	核查要求
5	质量保证和文件存档	• 是否指定了专门人员进行温室气体排放核算和报告工作； • 是否制定了温室气体排放和能源消耗台账记录，台账记录是否与实际情况一致； • 是否建立了温室气体排放数据文件保存和归档管理制度，并遵照执行； • 是否建立了温室气体排放报告内部评审制度，并遵照执行

当各个场所的业务活动、核算边界和排放设施的类型差异较大时，每个场所均要进行现场核查；仅当各个场所的业务活动、核算边界、排放设施以及排放源等相似且数据质量保证和质量控制方式相同时，方可对场所的现场核查采取抽样的方式。核查机构考虑抽样场所的代表性、企业（或者其他经济组织）内部质量控制的水平、核查工作量等因素，制订合理的抽样计划。

核查机构对企业（或者其他经济组织）的每个活动数据和排放因子进行核查，当每个活动数据或排放因子涉及的数据数量较多时，核查机构可以考虑采取抽样的方式对数据进行核查，抽样数量的确定应充分考虑企业（或者其他经济组织）对数据流内部管理的完善程度、数据风险控制措施以及样本的代表性等因素。

思考题

1．什么是数据质量控制体系？

2．简要阐述数据质量控制的工作流程。

3．什么是温室气体排放报告？

4．根据 2021 年 3 月，生态环境部新发布的《企业温室气体排放报告核查指南（试行）》，简要阐述开展碳排放核查的工作流程。

5 配额分配

碳排放权配额简称配额，是指政府分配的碳排放权凭证和载体，是参与碳排放权交易的单位和个人依法取得的可用于交易和控排企业温室气体排放量抵扣的指标。1 个单位配额代表持有配额的单位或个人被允许向大气中排放 $1\ tCO_2e$ 温室气体的权利，是碳排放权市场交易的主要标的物。

碳排放权配额分配是指根据所设定的排放目标，由政府主管部门对纳入体系内的控排企业分配碳排放配额。配额分配是构建碳排放权交易体系的前提和关键环节，其主要目的是明确相关主体的履约责任。

5.1 总量设定

碳排放权交易体系排放总量限定了在一段指定时间内可供发放的配额总量，从而限定了排放对象的排放总量。根据总排放目标调整配额总量，在排放对象中分配减排责任。

碳排放权交易体系设定了配额总量，因此每个配额均具有价值（"碳价"）。总量设定越"严格"，发放配额的绝对数量越少，配额越稀缺，在其他条件不变的情况下碳价越高。

5.1.1 覆盖范围

建立碳排放权交易体系，首先要确立覆盖范围。覆盖范围是排放目标设置和排放权分配的先决条件。所谓覆盖范围是指将哪些排放源纳入碳排放权交易体系中，以及交易所涉及的温室气体类型，一般重点考虑覆盖行业、覆盖气体和纳入标准。理论上说，为实现环境效益与经济效益最大化，所有排放源、排放部门及气体类型均应被纳入包括碳排放权交易体系在内的碳价体系范畴。但因受测算排放量所涉及的能力与成本、履约控制手段的可用性、体系管理的行政负担等诸多因素影响，现行的碳排放权交易体系覆盖范围主要是指数据统计基础较好的、减排潜力较大的大型排放源。

（1）覆盖行业

就覆盖行业而言，现行碳排放权交易体系通常优先覆盖能源部门和能源密集型行业。全球碳排放权交易体系基本覆盖了电力和工业排放——包括生产过程所产生的排放和燃烧化石燃料所产生的排放。欧盟将航空业纳入碳市场，但没有纳入建筑与交通行业。美国区域碳市场只纳入了电力行业，美国加州碳市场纳入了工业、电力、建筑和交通行业。

我国以发电行业为突破口率先启动全国碳排放权交易体系，培育市场主体，完善市场监管，逐步扩大市场覆盖范围，最终覆盖石化、化工、建材、钢铁、有色、造纸、电力、航空等重点排放行业。

（2）覆盖气体

由于监测所有温室气体的难度较大，且 7 种温室气体对温室效应的贡献不尽相同，其中 CO_2 占到温室气体的 80%以上，因此部分碳排放权交易体系初期仅覆盖 CO_2 一种温室气体，而后逐渐纳入其他温室气体。我国全国碳排放权交易体系初期仅纳入 CO_2。

（3）纳入标准

为降低行政成本，碳排放权交易体系通常仅要求将排放量达到某一特定排放限值的相关设施或单位纳入其体系中，即参与者的纳入标准。

《2019—2020 年全国碳排放权交易配额总量设定与分配实施方案（发电行业）》（国环规气候〔2020〕3 号）中对纳入配额管理的重点排放单位的标准做出规定，根据发电行业（含其他行业自备电厂）2013—2019 年任意一年排放达到 2.6 万 tCO_2e（综合能源消费量约 1 万 t 标准煤）及以上的企业或者其他经济组织的碳排放核查结果，筛选确定纳入 2019—2020 年全国碳市场配额管理的重点排放单位名单。

国际现行主要碳排放权交易体系纳入标准情况见表 5-1。

表 5-1　国际现行主要碳排放权交易体系纳入标准情况

碳排放权交易体系	纳入标准
欧盟碳排放交易体系	• 纳入标准：燃烧活动的产能纳入标准为额定热输入量＞20 MW；航空业排放纳入标准不包括运营航班年排放量低于 10 000 tCO₂e 的航空运输运营商； • 排放源类别：与排放水平无关的特定排放源类别（如铝、氨、焦炭、精炼油和矿物油的生产）； • 产能纳入标准：按行业划分，例如，玻璃制造业熔炼能力大于 20 t/d
美国加州碳市场	• 排放量纳入标准：年排放量≥25 000 tCO₂e 的所有设施； • 排放源类别：与排放水平无关的部分排放源类别（如水泥生产、石灰制造、石油精炼厂）； • 嵌入式排放量：石油产品、天然气、液化天然气和 CO₂ 供应商，因消费已生产和已销售产品而产生的年度排放量≥10 000 tCO₂e
韩国碳排放交易体系	• 排放量纳入标准：设施层面＞每年 25 000 tCO₂e；实体层面＞每年 125 000 tCO₂e；每年排放为 15 000～25 000 tCO₂e 的设施仍受目标管理办法的规管
新西兰碳排放交易体系	• 燃料纳入标准：液体化石燃料：有义务每年移除 50 000 L 燃料，用于家庭消费或炼油厂中； • 固定能源：包括进口煤炭和煤炭开采超过每年 2 000 t 的、天然气超过每年 10 000 L 的燃烧油、原油、废油和炼制石油企业； • 排放源类别：工业过程、林业及其他
美国区域温室气体倡议	• 容量纳入标准：产能≥25 MW 的电力发电厂
日本东京都总量限制交易体系	• 燃料纳入标准：燃油/热/电消耗量＞1 500 kL（m³）原油当量（COE）的所有设施； • 排放量纳入标准：对非能源 CO₂ 及其他温室气体而言，年排放量≥3 000 tCO₂e 的所有实体及员工人数至少 21 人的公司； • 运输能力纳入标准：具有一定运输能力的实体（例如，至少拥有 300 节车厢的火车或 200 辆巴士）

来源：市场准备伙伴计划（PMR）和国际碳行动伙伴组织（ICAP），2016 年，《碳排放交易实践手册：碳市场的设计与实施》。

5.1.2　配额总量

全国碳排放权交易体系采取"自上而下"和"自下而上"相结合的方式确定体系排放上限。"自上而下"和"自下而上"是碳市场中确定配额总量和配额分配的过程，"自上而下"是根据社会总体排放目标和纳入行业特点，确定体系配额总量；"自下而上"是根据配额分配规则确定控排对象配额，然后加总得到体系的配额总量上限。

生态环境部发布的《2019—2020 年全国碳排放权交易配额总量设定与分配实施方案（发电行业）》（国环规气候〔2020〕3 号）中规定："省级生态环境主管部门根据本行政区域内重点排放单位 2019—2020 年的实际产出量以及本方案确定的配额分配方法及碳排放基准值，核定各重点排放单位的配额数量；将核定后的本行政区域内各重点排放单位配额数量进行加总，形成省级行政区域配额总量。将各省级行政区域配额总量加总，最终确定全国配额总量。"全国配额总量确定过程见图 5-1。

图 5-1　全国配额总量确定过程示意图

5.2　配额分配方法

碳排放权交易体系中，由政府主管部门对纳入体系内的控排企业分配碳排放配额，碳排放权分配类型大体分为免费分配和有偿分配两种，其中免费分配方法包括基准线法、历史强度法和历史排放总量法，有偿分配可以采用有偿竞买（拍卖）或者固定价格出售的方式进行。

碳排放配额分配方法分类情况见图 5-2。

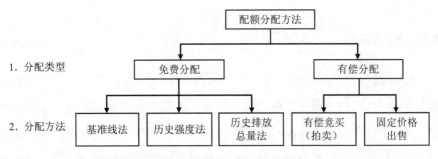

图 5-2　碳排放配额分配方法分类情况

5.2.1　免费分配

免费分配是政府主管部门将碳排放权免费发放给控排对象，可根据基准线、历史强度和历史排放总量三种不同方式划分为三种分配方法。

（1）基准线法

基准线即碳排放强度行业基准值，是某行业代表某一生产水平的单位活动水平的碳排放量，主要用于碳排放权交易机制中的配额分配，是基准线法的主要依据。

基准线法也称标杆法，基于行业碳排放强度基准值分配配额。行业碳排放强度基准值一般是根据纳入行业所有企业的历史碳排放强度水平、技术水平、减排潜力，以及与该行业有关的产业政策、能耗目标等综合确定。基准线法对历史数据质量的要求较高，一般根据重点排放单位的实物产出量（活动水平）、所属行业基准、年度减排系数和调整系数四个要素计算重点排放单位配额。基准线法有利于激励技术水平高、碳排放强度低的先进企业。凡是在基准线以上的企业，生产得越多，配额的富余就越多，就可以通过碳市场获取更多利益；相反，经营管理不好、技术装备水平低的企业，若是多生产，就会带来更多的配额购买负担。

（2）历史强度法

历史强度法是指根据排放单位的产品产量、历史碳排放强度值、减排系数等分配配额的一种方法。市场主体获得的配额总量以历史数据为基础，根据排放单位的实物产出量（活动水平）、历史碳排放强度值、年度减排系数和调整系数四个要素计算重点排放单位配额的方法。如我国部分试点碳市场采用的是以该纳管企业前几个年度的 CO_2 平均排放强度作为基准值为该企业分配配额，该方法介于基准线法和历史总量法之间，是在碳市场建设初期，行业和产品标杆数据缺乏的情况下确定碳排放配额的过渡性方法。

（3）历史排放总量法

历史排放总量法也称"祖父法"，是不考虑排放对象的产品产量，只根据历史排放值分配配额的一种方法，以纳入配额管理的对象在过去一定年度的碳排放数据为主要依据，确定其未来年度的碳排放配额。

5.2.2 有偿分配

（1）有偿竞买（拍卖）

碳排放配额有偿竞买（拍卖）是指政府主管部门通过公开或者密封竞价的方式将碳排放配额分配给出价最高的买方。碳排放配额有偿竞买是一种同质拍卖，即竞拍者对同一种商品（配额）在不同的价格水平上提出购买意愿，最终以某种机制确定成交价格。配额有偿竞买（拍卖）的来源主要是除免费配额之外的部分以及储备配额。

（2）固定价格出售

此方式是政府主管部门综合考虑温室气体排放活动的外部成本、温室气体减排的平均成本、行业企业的减排潜力、温室气体减排目标、经济和社会发展规划及碳排放权交易的行政成本等因素，制定碳排放配额的价格并公开出售给纳入碳排放权交易体系的控排主体。

5.3 配额分配方案

全国碳排放权交易市场配额分配方案由生态环境部负责制定。我国对2019—2020 年全国碳排放权交易市场配额实行全部免费分配，并采用基准法核定重点排放单位所拥有机组的配额量。重点排放单位的配额量为其所拥有的各类机组配额量的总和。

《2019—2020 年全国碳排放权交易配额总量设定与分配实施方案（发电行业）》主要内容见表 5-2；中国各试点省市配额分配方法对比见表 5-3；国际现行主要碳排放交易体系配额分配方法见表 5-4。

表 5-2 《2019—2020 年全国碳排放权交易配额总量设定与分配实施方案（发电行业）》

内容	配额分配方案
纳入标准	• 发电行业（含其他行业自备电厂）2013—2019 年任意一年排放达到 2.6 万 tCO_2e（综合能源消费量约为 1 万 t 标准煤）及以上的企业或其他经济组织
纳入机组	• 包括纯凝发电机组和热电联产机组，自备电厂参照执行； • 发电机组包括 300 MW 等级以上常规燃煤机组，300 MW 等级及以下常规燃煤机组，燃煤矸石、煤泥、水煤浆等非常规燃煤机组（含燃煤循环流化床机组）和燃气机组四个类别
分配方法	• 免费分配，并采用基准法核算重点排放单位所拥有机组的配额量； • 重点排放单位的配额量为其所拥有各类机组配额量的总和
配额发放	• 省级生态环境主管部门根据配额计算方法及预分配流程，按机组 2018 年度供电（热）量的 70%，向本行政区域内的重点排放单位预分配 2019—2020 年的配额； • 完成 2019 年度和 2020 年度碳排放数据核查后，按机组 2019 年和 2020 年实际供电（热）量对配额进行最终核定
配额清缴	• 设定配额清缴履约缺口上限，为重点排放单位经核查排放量的 20%； • 重点排放单位在规定期限内清缴不少于经核查排放量的配额量； • 特殊情况：燃气机组经核查排放量不低于核定的免费配额量时，其配额清缴义务为已获得的全部免费配额量；燃气机组经核查排放量低于核定的免费配额量时，其配额清缴义务为与燃气机组经核查排放等量的配额量
重点排放单位合并、分立与关停情况的处理	• 重点排放单位发生合并、分立、关停或迁出其生产经营场所所在省级行政区域的，应在作出决议之日起 30 日内报其生产经营场所所在地省级生态环境主管部门核定； • 省级生态环境主管部门对其已获得的免费配额进行调整，向生态环境部报告并向社会公布相关情况
其他	• 地方碳市场重点排放单位。对已参加地方市场年度配额分配的，暂不要求参加全国碳市场该年度的配额分配和清缴； • 地方碳市场不再向纳入全国碳市场的重点排放单位发放配额； • 对于重点单位机组有包括违反有关规定建设的、根据文件要求应未关的、未依法申领排污许可证或者未如期提交排污许可证执行报告等情况之一的重点排放单位不予发放配额，已经发放配额的收回

中国碳排放权交易试点配额分配方案

　　各试点地区均在其碳排放管理办法中对配额分配做出原则性规定，对于分配方法、流程、发放方式和时间、配额调整等事项，则在管理办法的配套细则中加以规定。

　　各试点配额分配方法多是采用历史排放总量法或基准线法。基准线法主要应用于工艺流程相对统一、排放标准相对一致的行业，如电力行业。各试点省市除重庆市采取自主申报的分配方法外，其余 6 个试点碳市场均根据各省市的经济发展水平、能源消费结构、产业结构以及重点产业和未来发展的规划对配额分配方法进行了部分变化和革新。

表 5-3　中国各试点省市配额分配方法对比

试点地区	内容	分配方法	发放频次
深圳市	采取无偿分配和有偿分配两种形式。无偿分配不得低于配额总量的 90%，有偿分配可采用固定价格出售、有偿竞买（拍卖）方式（该方式出售的配额数量，不得高于当年年度配额总量的 3%）	历史强度法和基准线法	2013—2015 年一次性发放三年配额；2016 年之后为年度分配
上海市	2013—2015 年采取免费分配方式，从 2016 年起燃煤电厂的免费配额比例为 96%，燃气电厂免费配额比例为 99%；推行有偿竞价发放形式进行	基准线法、历史强度法和历史排放总量法	2013—2015 年一次性发放三年配额；2016 年之后为年度分配
北京市	免费发放配额。从 2016 年起，对于原有重点排放单位和新增固定设施重点排放单位，依据 2015 年实际活动水平及该行业碳排放强度先进值核发配额；2020 年配额的历史基准年份为 2016—2018 年；对于新增移动源重点排放单位，依照历史强度法和行业先进值进行配额分配	历史排放总量法、历史强度法和基准线法	年度

试点地区	内容	分配方法	发放频次
广东省	部分配额免费发放，部分配额有偿发放 2013 年：97%免费、3%有偿、购买有偿配额才能获得免费配额 从 2014 年起：电力企业的免费配额比例为95%；钢铁、石化、水泥、造纸企业的免费配额比例为 97%	历史排放总量法和基准线法	年度
天津市	以免费发放为主、以有偿竞买（拍卖）或固定价格出售等有偿发放为辅	历史排放总量法、历史强度法和基准线法	年度
湖北省	配额实行免费分配。配额分配企业年度碳排放配额、企业新增预留配额，政府预留配额。政府预留配额为配额总量的 8%，主要用于市场调节。企业新增预留配额主要用于企业新增产能和产能变化	基准线法、历史强度法和历史排放总量法	年度
重庆市	无偿分配。2019—2020 年度加入配额有偿发放	企业申报制度	年度

相关知识

表 5-4　国际现行主要碳排放权交易体系配额分配方法

碳排放权交易体系	分配方法
欧盟碳排放交易体系	第一阶段和第二阶段：各成员国通过《国家分配方案》负责分配排放配额。 第二阶段预留 3%的配额拍卖，一般为新加入者预留配额（第二阶段为 5.4%），工厂关闭时交回配额。 第三阶段：电力行业全部拍卖（小部分例外），其他配额根据行业基准集免费分配到其他行业。能源密集型、易受贸易影响的行业将会得到基于行业基准 100%的配额，其他部门将会得到 80%的免费配额，比例将在 2020 年逐渐降低至 30%，2027 年降至零，新进入者接受同样的分配方法。 第四阶段：2021 年，欧盟碳排放交易体系为期十年的第四阶段启动，将年度上限削减速度提高至 2.2%

碳排放权交易体系	分配方法
美国区域温室气体倡议	100%拍卖
新西兰碳排放交易体系	在过渡期配额固定价格为 25 新西兰元，初始配额为免费分配，且在过渡期不实施拍卖；基于排放强度，设置了基于基准值 60%和 90%的两个免费配额额度；2021 年进行拍卖
日本东京都总量限制交易体系	100%免费分配，分配方法基于 2002—2007 年任意连续三年的排放水平
美国加州碳市场	按照总量上限逐步减少行业免费分配的数量

资料来源：
①IEA，《碳排放交易系统回顾及展望》（*Reviewing Existing and Proposed Emissions Trading System*），2010 年。
②市场准备伙伴计划（PMR）和国际碳行动伙伴组织（ICAP），《碳排放交易实践手册：碳市场的设计与实施》，2016 年。

思考题

1. 目前试点地区的配额分配方法分别是什么？

2. 配额分配有哪几种方法？并对这几种方法进行阐述。

3. 什么是碳排放配额有偿竞买（拍卖）？

4. 电力行业碳排放基准值分为哪几类？

6 交易制度

碳排放权交易制度由交易主体、交易产品、交易规则、交易机构、交易行为等要素构成。交易制度需要建立有效防范价格异常波动的调节机制和防止市场操纵的风险防控机制，确保市场要素完整、公开透明、运行有序。本章主要从交易主体、交易产品、交易规则、风险控制四个方面进行介绍。

6.1 交易主体

全国碳排放权交易主体包括重点排放单位以及符合国家有关交易规则的机构和个人。

碳排放权交易一级市场的交易标的物仅包括碳排放配额，是国家向地方政府和履约企业分配配额的市场，所以一级市场的交易主体皆为履约交易主体。从各碳排放权交易试点的实践来看，碳排放权交易二级市场的交易主体主要包括履约交易主体和自愿交易主体（符合条件的机构和个人）两大类。我国碳排放权交易试点的交易主体包括重点排放单位及符合规定条件的企业、社会组织和个人，各试点碳市场交易主体具体划分见表 6-1。

表 6-1 中国各试点碳市场交易主体具体划分

试点	交易主体
深圳市	①交易所会员 ②投资机构或自然人 ③境外投资者
上海市	交易所会员，包括自营类会员和综合类会员
北京市	①履约机构 ②非履约机构 ③自然人
广东省	①纳入碳排放交易体系的控排企业和新建项目业主 ②投资机构、其他组织和个人

试点	交易主体
天津市	国内外机构、企业、团体和个人
湖北省	①控排企业 ②自愿参与碳排放权交易活动的法人机构、其他组织和个人投资者
重庆市	①重点排放企业 ②符合交易细则规定的市场主体及自然人

相关知识

履约交易主体和自愿交易主体

履约交易主体是指被依法纳入碳排放权交易体系的温室气体排放主体。履约交易主体负有在履约期间向政府主管部门提交与其实际温室气体排放量相当的碳排放配额或符合要求的核证自愿减排量的义务。履约交易主体在碳排放权交易二级市场中，既可能是碳排放配额或核证自愿减排量的需求方，也可能是碳排放配额或核证自愿减排量的供给方。当履约交易主体在履约期间的温室气体排放量超过了其所持有的碳排放配额和核证自愿减排量，并且该主体自行减排温室气体的成本高于碳排放配额或核证自愿减排量的价格时，该履约交易主体会选择从碳排放权交易二级市场购买碳排放配额或核证自愿减排量；当履约交易主体在履约期间的温室气体排放量低于其所持有的碳排放配额和核证自愿减排量时，该履约主体就会有富余的配额和/或核证自愿减排量，从而可在碳排放权交易二级市场出卖其持有的富余配额或核证自愿减排量。

自愿交易主体是指自愿加入碳排放权交易二级市场进行碳排放配额和/或核证自愿减排量买卖的符合条件的非履约交易主体。自愿交易主体与履约交易主体最大的区别在于自愿交易主体在履约期间没有向碳排放权交易主管机构提交与其温室气体排放量相等的碳排放配额或核证自愿减排量的义务，即没有强制性温室气体减排义务。自愿交易主体主要包括温室气体自愿减排项目的实施方以及自愿在交易平台注册并买卖碳排放配额或核证自愿减排量的企业、社会组织和个人等。

相对交易主体,碳市场的参与主体众多,包括负责分配配额的政府主管部门、具有履约责任的企业或其他机构、没有履约责任的企业或其他机构、银行、投资机构、个人,以及市场服务机构,如节能服务企业、碳资产开发企业等。

碳市场参与主体间的关系见图6-1。

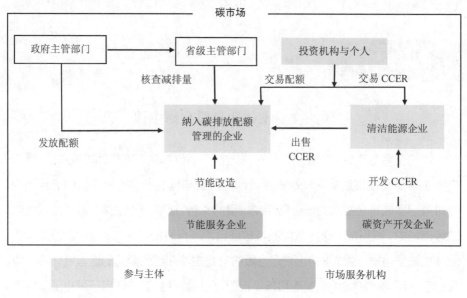

图 6-1　碳市场参与主体间的关系

6.2　交易产品

碳排放权交易产品可以分为现货和衍生品两种。现货交易,即传统的商品交易模式,一手交钱、一手交货,这里的"货"是指碳排放配额或核证自愿减排量。衍生品从现货派生出来,价值由现货的价格和交割日期决定,主要的衍生品包括期货、期权、远期、互换等。

《碳排放权交易管理规则(试行)》中规定全国碳排放权交易市场的交易产品为碳排放配额,生态环境部根据国家有关规定适时增加其他交易产品。我国试点碳市场的交易产品主要包括两类,即试点碳市场配额现货和 CCER 现货,试点碳市场配额由各试点碳市场政府主管部门签发,CCER 由国务院碳交易主管部门签发。

6.3　交易规则

全国碳市场交易规则［《碳排放权交易管理办法（试行）》《碳排放权交易管理规则(试行)》］制定的目标是保护全国碳排放权交易市场各参与方的合法权益，维护全国碳市场秩序，保证碳市场价格平稳和流动性充足，通过市场机制为企业碳排放成本提供价格信号，充分发挥碳市场优化资源配置的功能，引导全社会低成本减排，促进社会经济结构和能源结构低碳转型。

我国开展碳排放权交易试点，目的在于探索利用市场化手段实现减排目标、为建立全国碳市场积累经验。因此，全国碳市场交易规则是在汲取试点地区的交易规则和运行经验的基础上编制，在兼顾全国碳市场整体性特征的同时，注意与试点碳市场规则相协调，以利于试点碳市场向全国碳市场的顺利过渡。

交易规则明确交易参与人、交易品种、交易方式、交易设施、交易时间等内容，同时还对账户开立、交易申报、异常处理、交易结算、风险管理、市场信息披露、市场监督等具体环节进行详细说明。

全国碳市场交易规则及配套实施细则见表 6-2。

表 6-2　全国碳市场交易规则及配套实施细则

名称类别	管理规则
交易平台	全国碳排放权交易系统
交易主体	重点排放单位以及符合国家有关交易规则的机构和个人
交易品种	碳排放配额，根据国家有关规定适时增加其他交易产品。碳排放配额交易以"每吨二氧化碳当量价格"为计价单位，买卖申报量的最小变动计量为 $1\ tCO_2e$，申报价格的最小变动计量为 0.01 元
交易方式	采取协议转让、单向竞价或者其他符合规定的方式
交易规则	《碳排放权交易管理规则（试行）》
结算细则	《碳排放权结算管理规则（试行）》
风控细则	交易机构建立风险控制制度，包括涨跌幅限制制度、最大持仓量限制制度、大户报告制度、风险警示制度、风险准备金制度、异常交易监控制度

名称类别	管理规则
争议处置	交易主体之间发生的纠纷，可自行协商解决，也可向交易机构提出调解申请，还可依法向仲裁机构申请仲裁或者向人民法院提起诉讼； 交易机构与交易主体之间发生的纠纷，可自行协商解决，也可依法向仲裁机构申请仲裁或者向人民法院提起诉讼
信息管理办法	交易机构建立信息披露与管理制度。交易机构与注册登记机构建立管理协调机制，实现交易系统与注册登记系统的互联互通，确保相关数据和信息及时、准确、安全、有效交换；建立交易系统的灾备系统，建立灾备管理机制和技术支撑体系，确保交易系统和注册登记系统数据、信息安全；不得发布或者串通其他单位和个人发布虚假信息或者误导性陈述

碳排放权交易通过全国碳排放权交易系统进行，可以采取协议转让、单向竞价或者其他符合规定的方式，协议转让包括挂牌协议交易和大宗协议交易。

名词扩展 ▶

协议转让是指交易双方协商达成一致意见并确认成交的交易方式，包括挂牌协议交易及大宗协议交易。其中，挂牌协议交易是指交易主体通过交易系统提交卖出或者买入挂牌申报，意向受让方或者出让方对挂牌申报进行协商并确认成交的交易方式。大宗协议交易是指交易双方通过交易系统进行报价、询价并确认成交的交易方式。

单向竞价是指交易主体向交易机构提出卖出或买入申请，交易机构发布竞价公告，多个意向受让方或者出让方按照规定报价，在约定时间内通过交易系统成交的交易方式。

6.4 风险控制

宏观经济、能源价格、配额分配规则、抵销规则、投机行为等因素都会对碳市场的价格走势造成影响,良性的价格波动有助于反应碳市场真实的配额供需关系,但过度投机导致的价格大幅波动将增大交易风险,甚至会影响碳市场的稳定运行。

《碳排放权交易管理规定(试行)》中规定,生态环境部根据维护全国碳排放权交易市场健康发展的需要,建立市场调节保护机制。当交易价格出现异常波动触发调节保护机制时,生态环境部采取公开市场操作、调节国家核证自愿减排量使用方式等措施,进行必要的市场调节。

为防止市场大幅波动,抑制过度投机行为,碳排放权交易试点的交易所都制定了抑制碳排放权交易风险的控制制度。上海市、天津市、深圳市和重庆市颁布了专门的现货交易风险控制管理办法,北京市、广东省和湖北省在交易规则中明确了相关风险控制措施。试点通行的风险控制制度包括涨跌幅限制制度、最大持仓量限制制度、大户报告制度、风险警示制度和风险准备金制度,部分试点还明确了全额交易资金、强制平仓等异常交易监控制度(表 6-3)。

表 6-3　交易机构需建立的相关风险控制制度

制度类别	内容描述
涨跌幅限制制度	设定不同交易方式的涨跌幅比例,并可以根据市场风险状况对涨跌幅比例进行调整
最大持仓量限制制度	对交易主体的最大持仓量进行实时监控,交易主体交易产品持仓量不得超过交易机构规定的限额,交易机构可以根据市场风险状况,对最大持仓量限额进行调整
大户报告制度	交易主体的持仓量达到交易机构规定的大户报告标准的,交易主体应当向交易机构报告
风险警示制度	交易机构可以采取要求交易主体报告情况、发布书面警示和风险警示公告、限制交易等措施,警示和化解风险
风险准备金制度	维护碳排放权交易市场正常运转,风险准备金单独核算,专户存储
异常交易监控制度	对于违反交易规则或者交易机构业务规则、对市场正在产生或者将产生重大影响的交易主体,交易机构可以对其采取临时措施,如限制资金或者交易产品的划转和交易,限制相关账户的使用

思考题

1. 碳排放权交易制度主要由哪些要素构成？

2. 碳排放权交易二级市场的交易主体包括哪两类？并分别阐述这两类交易主体的概念。

3. 碳排放权交易产品分为哪两种？初期交易产品为哪一种？

7 清缴履约

配额清缴履约是指在履约期末向主管部门上缴应缴未缴配额的过程，即重点排放单位应在规定的时间内向所在地政府生态环境主管部门提交大于或等于其上一年度核定的温室气体排放量相等的配额，以完成配额清缴义务。

履约期是指从配额分配至重点排放单位到向政府主管部门上缴配额的时间，通常为一年或几年。履约期规定得较长，可以使体系参与者在履约期内根据不同年份的实际排放情况与配额拥有情况调整配额使用方案，减少短期配额价格波动，降低减排成本；履约期规定得较短，可以在短期内明确减排结果，并且有利于降低体系总量目标不合理、宏观经济影响等因素导致的市场失效的风险。因此，履约期的确定应综合考虑当地主要排放源排放量、排放数据等实际情况。

配额清缴履约是每一个"碳排放权交易履约周期"的最后一个环节，也是最重要的环节之一，履约是确保碳市场对排放企业具有约束力的基础。

7.1 清缴履约要求

依据规定，配额清缴量不少于经核查排放量的配额量，应当大于或等于省级生态环境主管部门核查结果确认的该单位上一年度温室气体实际排放量。为降低配额缺口较大的重点排放单位所面临的配额清缴履约负担，在配额清缴相关工作中设定配额履约缺口上限，其值为重点排放单位经核查排放量的20%[①]，即当重点排放单位配额缺口量占其经核查排放量比例超过 20%时，其配额清缴义务最高为其获得的免费配额量加20%的经核查排放量。

为鼓励燃气机组发展，在燃气机组配额清缴工作中，当燃气机组经核查排放量不低于核定的免费配额量时，其配额清缴义务为已获得的全部免费配额量；当

---

① 《碳排放权交易管理办法（试行）》（生态环境部令 第 19 号）。

燃气机组经核查排放量低于核定的免费配额量时，其配额清缴义务为与燃气机组经核查排放量等量的配额量。

重点排放单位在足额清缴碳排放配额后，若配额仍有剩余，可以出售其依法取得的碳排放配额；不能足额清缴碳排放配额的，可以通过在全国碳市场购买配额等方式完成清缴；可以出售其依法取得的碳排放配额。

2020 年 12 月，生态环境部以部门规章形式出台《碳排放权交易管理办法（试行）》，同时公布了包括发电企业和自备电厂在内的重点排放单位名单，至此，我国全国碳市场第一个履约周期正式启动。

我国试点地区规定重点排放单位需要在履约期内向政府主管部门上缴与监测周期内排放量相等的配额。试点地区均以一个自然年度作为碳排放监测周期，每年对上一年度的碳排放量进行履约抵销。全国碳市场的履约期为一年。

相关知识

欧盟碳排放交易体系的年度履约程序

欧盟碳排放交易体系中，受管制的排放设施需要遵守严格的履约程序，首先必须申请获得温室气体排放许可证，否则不得从事任何活动。许可证需明确排放源设施的经营者名称、地点，设施的具体活动内容和排放状况，监测方法、频率和报告要求，以及每年应上缴的排放许可等。排放设施应于每年 4 月 30 日前上缴与其经核查的前一年实际排放量等量的欧盟碳排放配额（EUA），EUA 随即被注销，不得使用。若实际排放量高于被分配的排放许可，企业需从市场获取 EUA，或使用《京都议定书》下的联合履约机制（JI）和清洁发展机制（CDM）产生的减排量来抵销超额排放量。

欧盟碳排放交易体系的年度履约程序如图 7-1 所示。

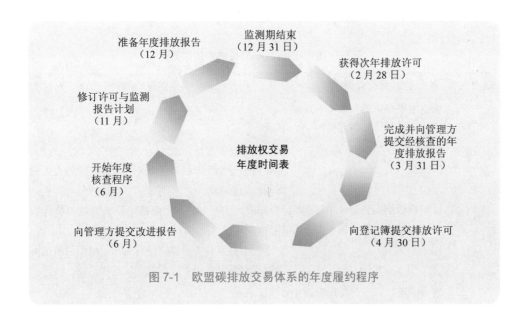

图 7-1　欧盟碳排放交易体系的年度履约程序

7.2　未履约处罚

惩罚机制是对逾期或不足额清缴碳排放配额的重点排放单位依法依规予以的处罚。《京都议定书》履约机制规定，对于不履约的发达国家和经济转轨国家，强制执行分支机构可暂停其参加碳排放权交易活动的资格，如缔约方排放量超过排放指标，还将在该缔约方下一承诺期的排放指标中扣减超量排放 1.3 倍的排放指标。

《碳排放权交易管理办法（试行）》中规定，重点排放单位未按时足额清缴碳排放配额的，由其生产经营场所所在地设区的市级以上地方生态环境主管部门责令限期改正，处 2 万元以上 3 万元以下的罚款；逾期未改正的，对欠缴部分，由重点排放单位生产经营场所所在地的省级生态环境主管部门等量核减其下一年度碳排放配额。

我国试点地区在各自建立的违规违约处理办法中写入了处罚要求，见表 7-1。

表 7-1　中国碳排放权交易试点处罚要求

试点区域	直接处罚	其他约束机制
北京市	根据超额排放的程度，对超额碳排放量按照市场均价的 3～5 倍予以处罚	暂无
重庆市	按照清缴期届满前一个月配额平均交易价格的 3 倍予以处罚	3 年内不得享受节能环保及应对气候变化等方面的财政补助资金； 将违规行为纳入国有企业领导班子绩效考核评价体系； 3 年内不得参与各级政府及有关部门组织的节能环保及应对气候变化等方面的评先评优活动
广东省	责令改正，在下一年度配额中扣除未足额清缴部分 2 倍配额，并处 5 万元罚款	计入该企业的信用信息记录，并向社会公布
湖北省	对差额部分按照当年度碳排放配额市场均价予以 1～3 倍但最高不超过 15 万元的罚款，并在下一年度分配的配额中予以双倍扣除	建立碳排放履约黑名单制度，将未履约企业纳入相关信用信息记录； 通报国资监管机构，纳入国有企业绩效考核评价体系。不得受理未履约企业的国家和省节能减排项目申报，不得通过该企业新建项目的节能审查
深圳市	由政府主管部门从登记账户中强制扣除与超额排放量相等的配额，不足部分从下一年度扣除，并处超额排放量乘以履约当月之前连续六个月配额平均价格 3 倍的罚款	纳入信用记录并曝光，通知金融系统征信信息管理机构；取消财政资助；通报国资监管机构，纳入国有企业绩效考核评价体系
上海市	责令履行配额清缴义务，并处 5 万～10 万元的罚款	纳入信用记录并曝光，通知金融系统征信信息管理机构； 取消两年内节能减排专项资金支持资格，以及 3 年内参与市节能减排先进集体和个人评比的资格； 不予受理下一年度新建固定资产投资项目节能评估报告表或节能评估报告书
天津市	责令整改、刑事责任	3 年内不得享受纳入企业的融资支持和财政支持优惠政策

试点区域	直接处罚	其他约束机制
福建省	责令其履行清缴义务；拒不履行清缴义务的，在下一年度配额中扣除未足额清缴部分 2 倍配额，并处以清缴截止日前一年配额市场均价 1 倍至 3 倍的罚款，但罚款金额不超过 3 万元	计入碳排放权交易市场信用信息并曝光；限制新增项目审批、核准；增加检查频次；减少扶持力度；纳入税收、银行等征信系统管理；限制或取消发展改革委等部门组织的各类认定认证和荣誉评选资格

　　从处罚权限来看，深圳市和北京市以人大立法的形式通过了规范碳排放和碳排放权交易的法律，其他试点地区均以地方政府规章的形式颁布了相关行政法规。从法律责任来看，各个试点地区规定的法律责任主要有限期改正和罚款两项。从内容来看，各个试点地区的管理办法主要针对如下行为的法律责任作出规定：第一，重点排放单位虚报、瞒报或者拒绝履行排放报告义务；第二，重点排放单位或核查机构不按规定提交核查报告；第三，重点排放单位未按规定履行配额清缴义务；第四，核查机构、交易机构、政府主管部门等不同主体的违法违规行为。

思考题

1. 碳市场对排放企业具有约束力的基础是什么？
2. 履约期的长短对碳市场有什么影响？
3. 简述一个完整的履约周期。

8 抵销机制

抵销机制是控排企业在完成履约年度碳排放控制责任（配额清缴）时，可以采取经核证的其他减排量来抵销一定比例配额的机制，抵销量可由国内或国际的未被相关碳排放权交易体系覆盖的企业所开发的项目产生。国际抵销机制是由多个国家承认的机构（如国际组织或非营利组织内部机构）管理的体系。管理机构为所有参与国制定明确规则，抵销量可在多个国家产生，并在国际市场上出售。例如，《京都议定书》基于项目的机制——清洁发展机制（CDM）是国际抵销机制的范例。《巴黎协定》第六条提出了未来新的抵销机制，但该机制的规则和指导准则还有待制订。我国可用于抵销碳排放配额的产品或项目种类，以国家核证自愿减排量（CCER）为主，1 单位 CCER 可抵销 1 tCO_2e 的排量。

国内抵销机制由国务院生态环境主管部门制定规则。国家鼓励企事业单位在我国境内实施可再生能源、林业碳汇、甲烷利用等项目，以实现温室气体排放的减少。项目实施单位向国务院生态环境主管部门申请，组织对其项目产生的温室气体减排量进行核证。重点排放单位可以购买经过核证并备案的温室气体减排量，用于抵销其一定比例的碳排放清缴配额。

抵销机制的合理应用有助于支持和鼓励未被覆盖行业排放源参与减排行动，可产生积极的协同效应，降低碳排放权交易体系的整体履约成本。对于参与碳排放权交易的重点排放单位，抵销机制鼓励其在减排成本较低的地区或行业进行投资，降低了总体减排履约成本；并且通过调整抵销量使用比例可以达到调控价格、稳定碳市场的目的。

8.1 抵销机制设计要素

在设计碳排放权交易体系的抵销机制时，需要确定以下要素：抵销方案的地域范围，覆盖的温室气体范围、行业和活动，是否限制抵销机制使用数量等。

（1）地域限制

碳排放权交易体系可以接受来自管辖区范围内和/或范围外的抵销量。接受来自管辖区的碳市场覆盖行业以外的抵销量，有助于实现管辖区整体排放控制目标，同时还可以减少履约、监测和执行的难度，获得管辖区内减排行动的协同效益；接受来自管辖区以外的抵销量可扩大供应来源，提供更多低成本减排机会。

（2）项目类型限制

许多碳排放权交易体系对可接受的抵销项目类型有限制，可以通过按规定合格的抵销项目来实现环境完整性和其他协同目标。

（3）抵销机制数量限制

在实际应用中，碳排放权交易体系通常会对抵销量的使用比例设定一个上限，通过控制抵销量的比例调节碳市场中交易标的物的供给量，进而改善市场供需平衡，达到调控价格的目的。当碳价格急剧上涨时，通过提高抵销量比例来增加碳排放配额供给以平抑碳价暴涨，反之可以通过降低这个比例预防碳价暴跌。

相关知识

表 8-1　国际主要现行碳排放权交易体系的抵销机制

碳排放权交易体系	抵销机制类型	限制
美国加州碳市场	由加州空气资源委员会（ARB）签发，来自美国或其领土范围、加拿大或墨西哥的项目，根据加州空气资源委员会批准的履约抵销协议开发履约抵销量； 由建立链接的监管计划（与魁北克省）签发的履约抵销量； 来自符合要求的发展中国家或其部分司法管辖区的抵销机制（包括减少毁林和森林退化所致排放量）下的基于行业的抵销量，不过这将进一步受监管约束	抵销量总体上限制在覆盖实体履约义务总量的 8% 以下。其中，基于行业的抵销量 2017 年之前限制在履约义务总量的 2% 以下，2018—2020 年限制在履约义务总量的 4% 以下

碳排放权交易体系	抵销机制类型	限制
欧盟碳排放交易体系 1. 第一阶段（2005—2007 年） 2. 第二阶段（2008—2012 年） 3. 第三阶段（2013—2020 年） 4. 第四阶段（2021—2028 年）	1. 无合格抵销量； 2. 联合履约机制下的核证减排量（ERU）和清洁发展机制下的核证减排量（CER）； 3. 待定	1. 无； 2. 各个成员国的性质限制各不相同；不得使用来自土地利用、土地利用变化和林业以及核电行业的抵销量；高于 20 MW 的水力发电项目也受限制；抵销量可占各国分配数量的一定百分比；未使用的抵销量转移至第三阶段； 3. 第二阶段的性质限制依然适用；2012 年之后的抵销量来源仅限于最不发达国家；不允许来自工业气体项目的抵销量；《京都议定书》第一承诺期内的减排量签发的抵销量仅接受至 2015 年 3 月；第二、第三阶段的抵销量限制在 2008—2020 年减排总量（16 亿 tCO$_2$e）的 50% 以下； 4. 拟定排除所有国际抵销量的提案
新西兰碳排放交易体系	1. ERU、京都清除单位（清除单位）、CER、国内移除单位； 2. 2015 年 5 月 31 日之后仅包括来自第二承诺期的首要核证减排量单位	不接受：来自核项目的 CER 和 ERU；长期 CER；临时 CER；来自三氟甲烷和氧化亚氮销毁活动的 CER 和 ERU；来自大型水力发电项目（条件是遵守世界水坝委员会指导准则）的 CER 和 ERU；来自第一承诺期的减排单位、清除单位、CER 仅接受至 2015 年 5 月 31 日
美国区域温室气体倡议	本地（项目位于区域温室气体倡议成员州和选定的其他州）	最高为各个企业履约义务总量的 3.3%，不过迄今为止该体系尚未产生抵销量
韩国碳排放交易体系 1. 第一阶段至第二阶段（2015—2020 年） 2. 第三阶段（2021—2025 年）	1. 国内（包括国内 CER）； 2. 国内和国际	1. 限于 2010 年 4 月 14 日之后实施的减排活动，限制在各个企业履约义务总量的 10% 以下； 2. 国际抵销量最高可占碳排放权交易体系国内抵销量总量的 50%
日本东京都总量限制交易体系	本地和国家级	总体上对抵销量的使用不设限，来自东京都以外项目的信用可用于履行某一设施最高 1/3 的减排义务

8.2　抵销机制在中国的实践

国家发展改革委于 2012 年颁布《温室气体自愿减排交易管理暂行办法》(发改气候〔2012〕1668 号)，对项目级的减排活动及减排量交易进行了规范，规定了温室气体自愿减排交易项目开发分为项目备案和减排量备案两个阶段。

名词扩展 ▶

方法学：用于确定温室气体自愿减排项目基准线、论证额外性、计算减排量、制定数据质量控制计划等的方法指南。

项目备案主要工作：应采用经国家主管部门备案的方法学来开发项目，由经国家主管部门备案的审定机构审定并出具审定报告，将项目备案相关材料提交国家主管部门申请项目备案；其中方法学是指用于确定项目基准线、论证额外性、计算减排量、制定数据质量控制计划等的方法指南，我国对联合国清洁发展机制执行理事会批准的清洁发展机制方法学进行评估，转化成适合于国内自愿减排交易的方法学。我国已发布 12 批 200 个方法学，均符合《温室气体自愿减排交易管理暂行办法》规定的备案要求。与电力行业相关的部分自愿减排方法学清单，见表 8-2。

表 8-2　与电力行业相关的部分自愿减排方法学清单

编号	名称
CM-001-V01	可再生能源联网发电
CM-003-V01	回收煤层气、煤矿瓦斯和通风瓦斯用于发电、动力、供热和/或通过火炬或无焰氧化分解
CM-004-V01	现有电厂从煤和/或燃油到天然气的燃料转换
CM-006-V01	使用低碳技术的新建并网化石燃料电厂

编号	名称
CM-011-V01	替代单个化石燃料发电项目部分电力的可再生能源项目
CM-012-V01	并网的天然气发电
CM-015-V01	新建热电联产设施向多个用户供电和/或供蒸汽，并取代使用碳含量较高燃料的联网/离网的蒸汽和电力生产
CM-023-V01	新建天然气电厂向电网或单个用户供电
CM-025-V01	现有热电联产电厂中安装天然气燃气轮机
CM-026-V01	太阳能-燃气联合循环电站
CM-027-V01	单循环发电转为联合循环发电
CM-030-V01	天然气热电联产
CM-033-V01	电网中的 SF_6 减排
CM-034-V01	现有电厂的改造和/或能效提高
CM-036-V01	安装高压直流输电线路
CM-037-V01	新建联产设施将热和电供给新建工业用户，并将多余的电上网或者提供给其他用户
CM-038-V01	新建天燃气热电联产电厂
CM-049-V01	利用以前燃放或排空的渗漏气为燃料新建联网电厂
CM-060-V01	独立电网系统的联网
CM-063-V01	通过改造透平提高电厂的能效
CM-066-V01	从检测设施中使用气体绝缘的电气设备中回收 SF_6
CM-067-V01	基于来自新建钢铁厂的废气的联合循环发电
CM-071-V01	季节性运行的生物质热电联产厂的最低成本燃料选择分析
CM-075-V01	生物质废弃物热电联产项目
CM-076-V01	应用来自新建的专门种植园的生物质进行并网发电
CM-083-V01	在配电电网中安装高效率的变压器
CM-092-V01	纯发电厂利用生物废弃物发电
CM-093-V01	在联网电站中混燃生物质废弃物产热和/或发电
CM-097-V01	新建或改造电力线路中使用节能导线或电缆
CM-098-V01	电动汽车充电站及充电桩温室气体减排方法学

编号	名称
CM-102-V01	特高压输电系统温室气体减排方法学
CMS-001-V01	用户使用的热能，可包括或不包括电能
CMS-002-V01	联网的可再生能源发电
CMS-003-V01	自用及微电网的可再生能源发电
CMS-014-V01	高效家用电器的扩散
CMS-020-V01	通过电网扩展及新建微型电网向社区供电
CMS-024-V01	通过回收纸张生产过程中的苏打减少电力消费
CMS-031-V01	向商业建筑供能的热电联产系统或三联产系统
CMS-032-V01	从高碳电网电力转换至低碳化石燃料的使用
CMS-036-V01	使用可再生能源进行农村社区电气化
CMS-044-V01	单循环发电转为联合循环发电
CMS-045-V01	热电联产/三联产系统中的化石燃料转换
CMS-059-V01	使用燃料电池进行发电或产热
CMS-070-V01	通过电网扩张向农村社区供电
CMS-079-V01	配电网中使用无功补偿装置温室气体减排方法学
CMS-080-V01	在新建或现有可再生能源发电厂新建储能电站

减排量备案主要工作：由经国家主管部门备案的核证机构对减排量进行核证并出具核证报告，将申请减排量备案的相关材料提交国家主管部门申请减排量备案，成功备案的减排量将在国家自愿减排交易登记簿登记，登记后的减排量可在指定的交易机构交易。

按照简政放权、放管结合、优化服务的要求，国家应对气候变化主管部门组织修订《温室气体自愿减排交易管理暂行办法》，以进一步完善和规范温室气体自愿减排交易，促进绿色低碳发展。

为支持温室气体自愿减排交易活动的开展，政府主管部门组织建设了国家自愿减排交易注册登记系统。自愿减排交易的相关参与方，即企业、机构、团体和个人，须在国家自愿减排交易注册登记系统中开设账户，以进行国家核证自愿减排量的持有、转移、清缴和注销。《国家自愿减排交易注册登记系统开户流程（暂行）》对账户开立、信息变更、账户关闭等进行了详细说明。

国家核证自愿减排量作为碳排放权交易市场的补充交易产品，是具有国家公信力的碳资产，可作为国内碳排放权交易控排企业的履约用途，也可以作为企业和个人的自愿减排用途。配额不足时，控排企业可以购买其他企业出售的配额进行履约，也可以购买国家核证自愿减排量进行抵销，1 单位 CCER 可抵销 1 tCO_2e 的排放量。健康、有序的国家核证自愿减排量交易可一定程度地调控配额交易需求和价格，是配额交易的重要补充。

《碳排放权交易管理办法（试行）》（生态环境部令 第 19 号）中明确了重点排放单位每年可以使用国家核证自愿减排量抵销碳排放配额的清缴，抵销比例不得超过应清缴碳排放配额的 5%。

中国碳排放权交易试点均对可用于达到履约目的的抵销量的类型、产生日期、地理范围及数量设定了限制，具体见表 8-3。

表 8-3　中国碳排放权交易试点抵销机制设计

试点区域	抵销类型	比例限制	地域限制	时间或项目类型限制
北京市	CCER 经审定的北京市节能项目碳减排量和林业碳汇项目碳减排量	不超过年度配额量的 5%，京外只能抵销 2.5%	北京市辖区外项目产生的 CCER 不得超过其当年 CCER 总量的 50%，优先使用河北省和天津市等与本市签署相关合作协议地区的 CCER	2013 年 1 月 1 日后实际产生的减排量，非来自减排氢氟碳化物（HFCs）、全氟化碳（PFCs）、氧化亚氮（N_2O）、六氟化硫（SF_6）气体的项目及水电项目的减排量；2005 年 2 月 16 日后，本市碳汇造林项目和森林经营碳汇项目
重庆市	CCER	不超过年度碳排放量的 8%	无	减排项目应当于 2010 年 12 月 31 日后投入运行（森林碳汇项目不受此限）；水电项目除外

试点区域	抵销类型	比例限制	地域限制	时间或项目类型限制
广东省	CCER	不超过年度配额量的10%	70%以上的CCER来源于广东省本省项目，非其他试点地区	非水电；对任意项目，CO_2、甲烷减排占项目减排量50%以上；水电项目以及化石能源（煤、油、气）的发电、供热和余能利用项目除外；来自清洁发展机制前项目的CCER除外
湖北省	CCER	不超过年度初始配额量的10%	长江中游城市群（湖北）区域的国家扶贫开发工作重点县	非大型、中型水电项目，优先农业类、林业类
深圳市	CCER	不超过当年排放量的10%	不包含纳入企业边界范围内产生的核证减排量	林业碳汇、农业减排
上海市	CCER	不超过年度配额量的5%（1%，2016年度）	不包含纳入企业边界范围内产生的核证减排量	2013年1月1日后实际产生的减排量（非水电类项目，2016年度）
天津市	CCER	不超过年度配额量的10%	优先使用京津冀地区产生的CCER，不包括天津市及其他省份试点项目纳入企业产生的CCER	非水电；2013年1月1日后实际产生的减排量，仅来自二氧化碳气体项目；不包括水电项目的减排量
福建省	CCER；经省碳交办备案的福建省林业碳汇减排量（FFCER）	不得高于其当年经确认的排放量的10%；其中用于抵销的林业碳汇项目减排量不得超过当年经确认排放量的10%，其他类型项目减排量不得超过当年经确认排放量的5%	本省行政区内项目产生的CCER	项目为2005年2月16日以后开工建设项目，来自重点排放单位的减排量；非水电项目；仅来自二氧化碳、甲烷气体的项目减排量

思考题

1. 国内抵销机制与碳排放权交易体系有什么关系？

2. 抵销机制有什么作用？

3. 设计碳排放权交易体系的抵销机制时，需要确定什么要素？

4. CCER 的中文全称是什么？怎样在碳市场中发挥作用？

5. 国内碳市场参与者如何进行自愿减排交易？

9　碳金融

9.1　碳金融概述

碳金融，狭义的碳金融是指企业间由政府分配的温室气体排放权进行市场交易所导致的金融活动；广义的碳金融泛指服务于限制碳排放的所有金融活动，既包括碳排放权配额及其金融衍生品交易，也包括基于碳减排的直接投融资活动以及相关金融中介等服务。2011 年，关于世界银行的《碳金融十年》报告中，对"碳金融"的描述几乎与碳排放权交易一致，即出售基于项目的温室气体减排量或者交易碳排放许可所获得的一系列现金流的统称。

碳金融市场，即金融化的碳市场，是欧美碳市场的发展主流。碳金融市场的层次结构体现在宏观框架和微观结构两个层面。宏观框架层面主要是指政府政策下的碳排放权交易体系（ETS）；微观结构层面具体包括二级交易市场、融资服务市场和支持服务市场，二级交易市场是其核心，它又分为场内交易和场外交易；而宏观框架和微观结构的过渡衔接部分则是一级市场。

碳金融市场的层次结构见图 9-1。

从长期来看[①]，碳市场和碳金融市场是全国实现碳减排的两个重要市场，两者相互依存、相互促进。一方面，碳市场的充分发展是碳金融市场发展的前提。一般来说，只有碳市场发展到一定水平和规模，培育出足够数量的合格市场主体，建立起健全的风险管控机制，碳金融市场才可能得到有效发展。另一方面，碳金融市场是成熟碳市场的主体部分，碳金融市场的发展能够提高碳市场的流动性、活跃度、参与度与有效性。但是，在发挥碳金融市场积极作用的同时，也要防止碳市场的过度金融化，尤其是在碳市场发展的初级阶段，应该通过成熟完善严格

---

① 《环境经济》2021 年第 8 期（总第 296 期），专访中国电力企业联合会专职副理事长王志轩——碳交易有助于增强经济高质量发展的内生动能。

的金融监管体系，推动碳市场平稳、健康、有序、持续发展，待碳市场发展到一定时期，再分阶段、合理有序地引入碳金融市场。

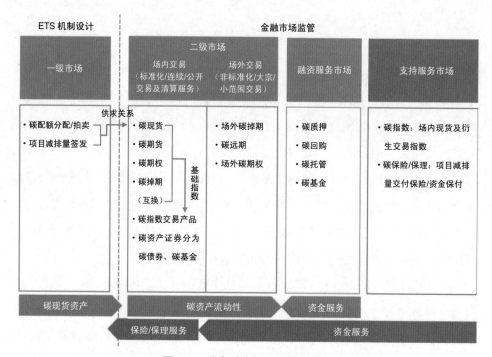

图 9-1　碳金融市场的层次结构

来源：《中国碳金融市场研究》。

9.2　碳金融市场构成要素

金融市场的构成要素一般包括四个方面：市场主体，即交易参与双方；市场客体，是指交易标的物及交易产品；市场价格，是指在供求关系支配下由交易双方商定的成交价；市场媒介，是指双方用来完成交易的工具和中介，往往包括第三方中介机构及作为第四方的交易场所。市场主体和市场媒介，共同构成了市场上的各类主要利益相关方。市场客体可以分为基础资产和金融产品两部分，碳排放权交易的基础资产主要包括两类：一是 ETS 体系下的碳排放权配额，如 EU-ETS 下的欧盟碳排放配额（EUA）等；二是根据相应方法学开发的减排项目减排量，如清洁发展机制下的核证减排量（CER）、国家核证自愿减排量（CCER）等。

碳金融市场构成主要聚焦于三大关键要素：利益相关方、碳金融产品及价格发现机制。

（1）利益相关方

1）交易双方，是指直接参与碳金融市场交易活动的买卖双方，主要包括控排企业、减排项目业主、碳资产管理公司、碳基金及金融投资机构等市场主体。在现货交易阶段，市场主体往往以控排企业为主、碳资产管理公司和金融投资机构为辅；在衍生品交易阶段，金融投资机构尤其是做市商和经纪商将成为市场流动性的主要提供方。

2）第三方中介，是指为市场主体提供各类辅助服务的专业机构，包括监测与核查核证机构、咨询公司、评估公司、会计师及律师事务所，以及为交易双方提供融资服务的机构。

3）第四方平台，是指为市场各方开展交易相关活动提供公共基础设施的服务机构，主要包括注册登记簿和交易所。其中，交易所除提供交易场所、交易规则、交易系统、交易撮合、清算交付和信息服务等功能外，还承担着部分市场一线交易活动的日常监管职能。

4）监管部门，是指对碳金融市场的合规稳定运行进行管理和监督的各类主管部门，主要包括行业主管部门、金融监管部门及财税部门等。

碳金融市场主要利益相关方的构成、作用及影响，见表9-1。

表9-1　碳金融市场主要利益相关方的构成、作用及影响

机构类型		作用及影响
交易双方	控排企业	• 市场交易 • 提高能效降低能耗，通过实体经济中的个体带动全社会完成减排目标 • 通过主体间的交易实现低成本减排

机构类型		作用及影响
交易双方	减排项目业主	• 提供符合要求的减排量，降低履约成本 • 促进未被纳入交易体系的主体以及其他行业的减排工作
	碳资产管理公司	• 提供咨询服务 • 投资碳金融产品，增强市场流动性
	碳基金及金融投资机构	• 丰富交易产品 • 吸引资金入场 • 增强市场流动性
第三方中介	监测与核查核证机构	• 满足温室气体排放量和减排量的可监测、可报告、可核查的基本要求 • 维护市场交易的有效性和公平性
	其他（如咨询公司、评估公司、会计师及律师事务所）	• 提供咨询服务 • 碳资产评估 • 碳排放权交易相关审计
第四方平台	注册登记簿	• 对碳排放配额及其他规定允许的抵销量指标进行注册登记 • 规范市场交易活动并便于监管
	交易所	• 交易信息的汇集发布 • 降低交易风险、交易成本 • 价格发现 • 增强市场流动性
监管部门	政府主管部门	• 制定有关碳排放配额交易市场的监管条例，并依法依规行使监管权 • 对市场上的交易品种、交易所制定的交易制度、交易规则进行监管 • 对市场的交易活动进行监督 • 监督检查市场交易的信息公开情况 • 与相关部门相互配合，对违法违规行为进行查处，维护市场的健康稳定

（2）碳金融产品

碳金融产品是依托碳排放配额及项目减排量两种基础碳资产开发出来的各类金融工具，从功能角度看，主要包括交易工具、融资工具/服务和支持工具三类。这些金融工具可以帮助市场参与者降低减排成本，拓宽融资渠道，增强碳排放权资产属性，帮助企业达到碳资产保值增值的目的。

1）交易工具。除碳排放配额及项目减排量等碳资产现货外，交易工具还包括碳远期、碳期货、碳掉期、碳期权，以及碳资产证券化和指数化的碳排放权交易产品等。交易工具可以帮助市场参与者更有效地管理碳资产，为其提供多样化的交易方式，提高市场流动性，对冲未来价格波动风险实现套期保值。

2）融资工具/服务。其主要包括碳债券、碳资产质押、碳资产回购、碳资产租赁、碳资产托管等。融资工具可以为碳资产创造估值和变现的途径，帮助企业拓宽融资渠道。

3）支持工具。其主要包括碳指数和碳保险等。支持工具及相关服务可以为各方了解市场趋势提供风向标，同时为管理碳资产提供风险管理工具和市场增信手段。

（3）价格发现机制

1）定价因素及工具。碳资产的价格是通过市场交易活动来发现的，当前价格主要由供需决定，未来价格主要由预期决定，当前供需与未来预期往往也会相互影响。碳期货、碳期权、碳远期及碳掉期等碳金融交易产品，本质上都属于反映不同主体风险偏好和未来预期的碳价格发现工具。

2）价格发现渠道。市场的价格发现渠道除了实际成交价之外，还有一条途径是市场报价。例如，作为做市商的金融投资机构有义务和责任为市场交易产品报出买卖价格，并在该价位上接受市场参与方的买卖要求，以此维持市场流动性。这种市场报价往往是当前供需和未来预期综合作用的结果。

3）市场价格的特性。一个良好和权威的碳价信号需要具备三个主要特点。

一是公允性。其能够被各市场参与方普遍接受，不能被某些参与主体操纵。

二是有效性。它包括两个层面：最基本的要求是能够反映市场真实供需，最理想的状态是能够反映边际减排成本,只有这样碳价信号才能实际发挥对节能减排和低碳投资的引导作用。由于市场情况复杂,现实与理想状态一直存在不小的距离,因此其对市场各方主体都提出了更高的要求。

三是稳定性。市场天然价格是不断波动的,所谓稳定性指的是碳价波动水平能够保持在市场可承受的范围内,既能实现对各类主体激励与约束的相对均衡,又能在保证市场供需自主定价的同时维持市场的相对稳定,避免出现碳价崩溃等市场极端情况。

相关知识

中国碳金融市场创新实践

自碳排放权交易试点正式开市以来,为了推进企业碳资产管理、活跃碳市场交易,各个试点碳市场和全国碳市场开展了多种形式的碳金融市场创新,涵盖了除碳期货之外的交易工具、融资工具与支持工具等主要领域。除产品创新外,深圳市等地还引入境外投资者参与交易,扩大了碳市场参与主体的范围。在目前推出的碳金融市场创新工具里,部分碳融资工具的应用相对频繁,而碳排放权交易工具的规模化使用尚需时日。

融资方式创新案例:碳排放配额担保贷款

2021 年 8 月,国家能源集团内蒙古东胜热电有限公司(以下简称东胜热电)与中国民生银行股份有限公司鄂尔多斯分行(以下简称民生银行鄂尔多斯分行)完成国内首次全国碳排放配额担保贷款。通过全国碳排放权注册登记结算系统,东胜热电以持有的全国碳市场配额进行担保,与民生银行鄂尔多斯分行签订 2 000 万元的流动资金贷款合同,贷款期限在 1 年以内。该笔贷款利率低于同期一年期 LPR 利率(贷款基础利率)水平,创东胜热电流动资金银行贷款利率新低。

交易工具创新案例：碳排放配额远期

2016年4月，湖北碳排放权交易中心推出了现货远期产品（产品号：HBEA 1705），并将其作为在市场中有效流通并能够在当年度履约的碳排放权。湖北碳排放权交易中心同时发布了《碳排放权现货远期交易规则》《碳排放权现货远期交易风险控制管理办法》《碳排放权现货远期交易履约细则》《碳排放权现货远期交易结算细则》等风险防控制度。HBEA 1705的挂盘基准价为21.56元/t，是依据产品公告日前20个交易日的碳现货收盘价，按成交量加权平均后确定的。参与HBEA 1705交易，最低保证金为订单价值的20%，履约前一个月为25%，履约月为30%；涨跌幅度为上一个交易日结算价的4%，上市首日的涨跌幅度为挂盘基准价的4%。HBEA 1705推出后，成交量曾一度暴涨。

融资工具创新案例：碳基金

2014年10月，深圳嘉碳资本管理有限公司推出了碳基金，包括嘉碳开元投资基金和嘉碳开元平衡基金两只子基金。其中，嘉碳开元投资基金规模为4 000万元，运行期限3年，募集资金主要投向新能源及环保领域的国家核证自愿减排量项目，认购起点为50万元，预计年化收益率为28%；嘉碳开元平衡基金规模为1 000万元，运行期限10个月，主要用于深圳市、广东省、湖北省三个市场的碳排放配额投资，认购起点为20万元，预计年化收益率为25.6%。

支持工具创新案例：中碳指数

2014年6月，北京绿色金融协会正式发布中国碳排放权交易指数（中碳指数）。中碳指数选取北京市、天津市、上海市、广东省、湖北省和深圳市六个已开市交易的试点碳市场的碳排放配额线上成交数据，样本地区根据配额规模设置权重，基期为2014年度第一个交易日（2014年1月2日），包括"中碳市值指数"和"中碳流动性指数"两个指数。"中碳市值指数"以成交均价为主要参数，衡量样本地区在一定期间内整体市值的涨跌变化情况；"中碳流动性指数"以成交量为主要参数，并考虑各地区权重等因素，观察样本地区一定期间内整体流动性的强弱变化情况。中碳指数由北京绿色金融协会和中国环境交易机构合作联盟于每周一联合发布，节假日顺延至第一个交易日。中碳指数的推出，能够为碳市场投资者、政策制定者和研究机构了解中国碳市场的运行情况提供参照。

思考题

1. 什么是碳金融？什么是碳金融市场？

2. 碳金融市场构成要素有哪些？

3. 碳金融市场利益相关方主要有哪些？

4. 碳金融产品有哪些？有什么作用？

5. 碳金融市场价格的特性主要有哪些？

第三篇
电力碳排放权交易

Carbon

TANPAIFANG QUAN
JIAOYI PEIXUN JIAOCAI

10 概 述

电力行业碳排放权交易参与主体主要包括政府（中央政府、地方政府）、控排企业［重点排放单位：发电行业年度排放达到 2.6 万 tCO_2e（综合能源消耗量约为 1 万 t 标准煤）及以上的企业或者其他经济组织、其他行业自备电厂］、行业组织、第三方核查机构、交易机构等。

10.1 电力低碳发展

10.1.1 总体情况

（1）电力生产

截至 2020 年年底，全国发电装机容量 220 204 万 kW，同比增长 9.6%（图 10-1）。其中，水电 37 028 万 kW（抽水蓄能 3 149 万 kW，比上年增长 4.0%），比上年增长 3.4%；火电 124 624 万 kW，比上年增长 4.8%（其中,燃煤发电 107 912 万 kW，比上年增长 3.7%，天然气发电 9 972 万 kW，比上年增长 10.5%）；核电 4 989 万 kW，比上年增长 2.4%；风电 28 165 万 kW，比上年增长 34.7%；太阳能发电 25 356 万 kW，比上年增长 24.1%。

全国全口径发电量 76 264 亿 kW·h，比上年增长 4.1%，增速比上年下降 0.7 个百分点（图 10-2）。其中，水电发电量 13 553 亿 kW·h，比上年增长 4.1%；火电发电量 51 770 亿 kW·h，比上年增长 2.6%（其中,燃煤发电量 46 296 亿 kW·h，比上年增长 1.7%，天然气发电量 2 525 亿 kW·h，比上年增长 8.6%）；核电发电量 3 662 亿 kW·h，比上年增长 5.0%；并网风电发电量 4 665 亿 kW·h，比上年增长 15.1%；并网太阳能发电量 2 611 亿 kW·h，比上年增长 16.6%。

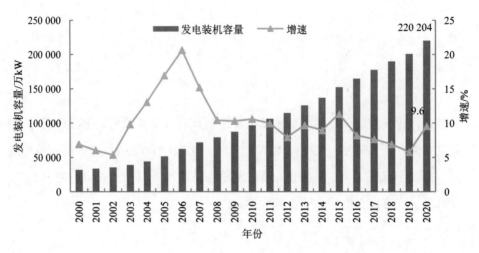

图 10-1　2000—2020 年全国发电装机容量及增速

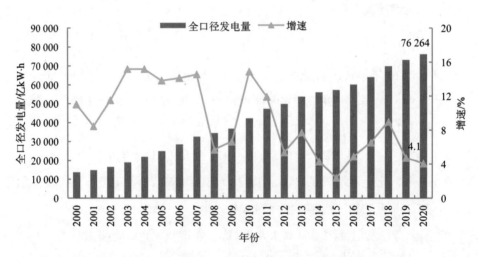

图 10-2　2000—2020 年全国全口径发电量及增速

（2）电网规模

截至 2020 年年底，全国电网 35 kV 及以上输电线路回路长度 205.2 万 km，比上年增长 4.3%。其中，220 kV 及以上输电线路回路长度 79.4 万 km，比上年增长 4.6%。全国电网 35 kV 及以上变电设备容量 68.9 亿 kV·A，比上年增长 5.5%。其中，220 kV 及以上变电设备容量 45.3 亿 kV·A，比上年增长 4.9%（表 10-1）。

自 2009 年起，中国电网规模位列世界第一。

表 10-1　截至 2020 年年底全国 35 kV 及以上输电线路回路长度及变电设备容量情况

电压等级		输电线路回路长度		变电设备容量	
		长度/万 km	增速/%	容量/亿 kV·A	增速/%
35 kV 及以上各电压等级合计		205.2	4.3	68.9	5.5
220 kV 及以上各电压等级		79.4	4.6	45.3	4.9
其中	1 000 kV	1.3	11.1	1.7	13.7
	±800 kV	2.5	13.8	2.6	15.6
	750 kV	2.4	4.7	2.0	10.2
	500 kV	20.2	3.0	15.2	4.1
	−500 kV	1.5	7.7	1.2	6.4
	330 kV	3.4	5.1	1.3	8.7
	220 kV	47.5	4.5	20.8	3.0

（3）人均用电水平

2020 年，全国人均装机容量 1.56 kW，比上年增加 0.12 kW，居世界平均水平，与美国、日本、欧盟等发达国家（地区）人均装机容量 2 kW 及以上水平仍存在较大差距；人均用电量 5 331 kW·h、人均生活用电量 775 kW·h，人均生活用电量比重为 14.5%，低于 2016 年美国（33.75%）、日本（26.65%）、法国（33.21%）人均生活用电量比重。

2005—2020 年全国人均电力指标见图 10-3。

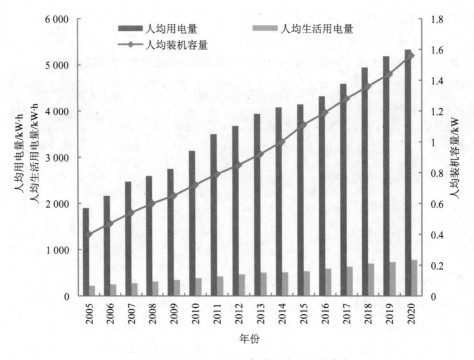

图 10-3   2005—2020 年全国人均电力指标

10.1.2　非化石能源发展

截至 2020 年年底，全国非化石能源发电装机容量 98 566 万 kW，占全国发电总装机容量的 44.8%，比上年提高 2.8 个百分点；非化石能源发电量 25 830 亿 kW·h，比上年增长 7.9%，占全口径发电量的 33.9%，比上年提高 1.2 个百分点。

2000—2020 年发电装机结构变化情况如图 10-4 所示，非化石能源装机从 2000 年的 25.6% 增加到 2020 年的 44.8%；2000—2020 年发电量结构变化情况如图 10-5 所示，非化石能源发电量占比由 19.0% 增加到 2020 年的 33.9%。2006—2020 年全国风力发电量和太阳能发电量变化情况如图 10-6 所示，全国风力发电量占比由 2006 年的 0.1% 增加到 2020 年的 6.1%，全国太阳能发电量由 2011 年的 0.01% 增加到 2020 年的 3.4%。

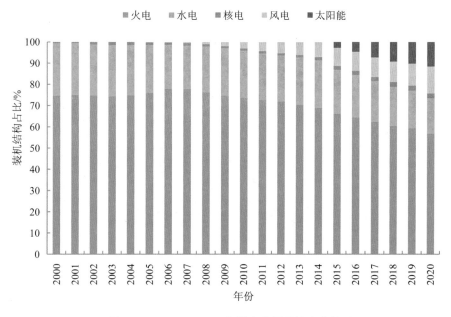

图 10-4　2000—2020 年发电装机结构变化情况

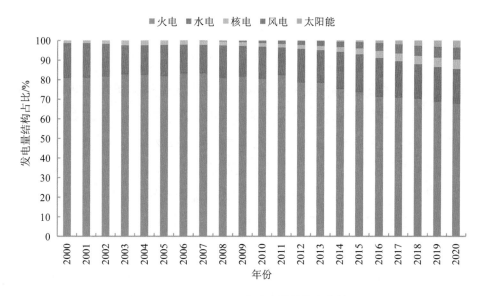

图 10-5　2000—2020 年发电量结构变化情况

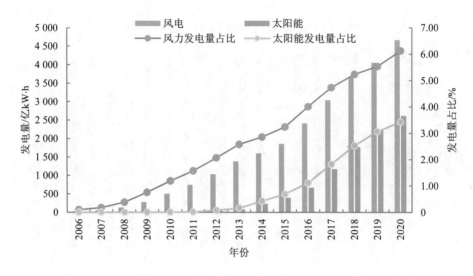

图 10-6　2006—2020 年全国风力发电量和太阳能发电量变化情况

10.1.3　火电清洁发展

截至 2020 年年底，火电机组中煤电装机容量 107 912 万 kW，占火电装机容量的 86.6%，占全部发电装机容量的 49.0%；天然气发电装机容量 9 972 万 kW，占火电装机容量的 8.0%，占全部发电装机容量的 4.5%。燃煤发电量 46 296 亿 kW·h，占火电发电量的 89.4%，占全部发电量的 60.7%；天然气发电量 2 525 亿 kW·h，占火电发电量的 4.9%，占全部发电量的 3.3%。

中国全国单机容量 100 万 kW 的超超临界机组已经达到 113 台，是世界数量最多的国家。纳入行业 60 万 kW 级以上机组统计调查范围的火电机组中，60 万 kW 级火电机组容量所占比重达到 71.5%。

1995—2020 年全国统计调查范围内火电机组容量比重变化情况见图 10-7。

2020 年，全国 6 000 kW 及以上火电厂平均供电标准煤耗 304.9 g/（kW·h），比上年下降 1.5 g/（kW·h），比 1978 年的 471 g/（kW·h）下降了 166.1 g/（kW·h），降幅达到 35.3%，煤电机组供电煤耗继续保持世界先进水平；厂用电率 4.7%，比上年下降 0.02 个百分点。中国全国线损率 5.6%，比上年下降 0.33 个百分点，居同等供电负荷密度国家先进水平。

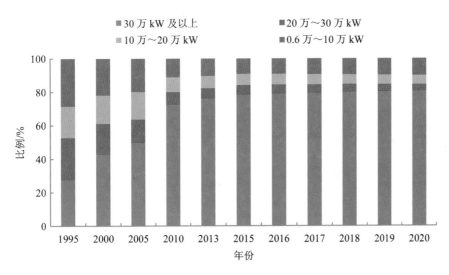

图 10-7　1995—2020 年全国统计调查范围内火电机组容量比重变化情况

1978—2020 年中国火电机组平均供电煤耗和净效率见图 10-8。

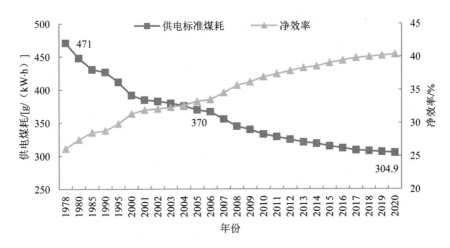

图 10-8　1978—2020 年中国火电机组平均供电煤耗和净效率

10.1.4　碳排放情况

电力行业碳排放强度持续下降。据中国电力企业联合会（以下简称中电联）统计分析，2020 年，全国单位火电发电量 CO_2 排放约 832 g/（kW·h），比 2005 年下降 20.6%；单位发电量 CO_2 排放约 565 g/（kW·h），比 2005 年下降 34.1%。

2005—2020 年电力行业 CO_2 排放强度见图 10-9。

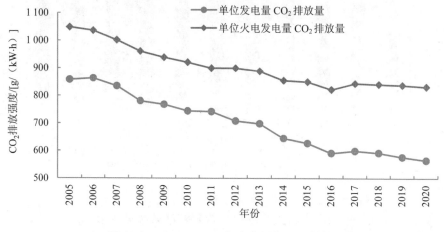

图 10-9　2005—2020 年电力行业 CO_2 排放强度

相关知识

中国电力 CO_2 排放水平与国际对比情况

2005 年以来，中国燃煤发电碳排放强度和电力行业平均碳排放强度均呈持续下降趋势。尽管不同的统计机构对国内外电力碳排放强度数据有不同的统计值，但其反映的趋势基本上是一致的。

日本海外电力调查会统计，中国单位燃煤发电量 CO_2 排放强度 2005 年为 1 073 g/（kW·h），2011 年为 950 g/（kW·h），与德国、加拿大、法国、英国等基本相当。中国电力行业平均 CO_2 排放强度 2005 年为 869 g/（kW·h），2011 年为 764 g/（kW·h），累计下降 105 g/（kW·h），体现了电力结构调整成效。但与韩国、英国、加拿大、法国等相比，仍有较大差异，这主要是由于电力结构不同。例如，中国煤电装机占比为 60% 左右，而法国近一半为核电，煤电占比不到 20%。

2005—2011年部分国家单位燃煤发电量CO_2排放量情况和单位发电量CO_2排放量情况分别见图10-10和图10-11。

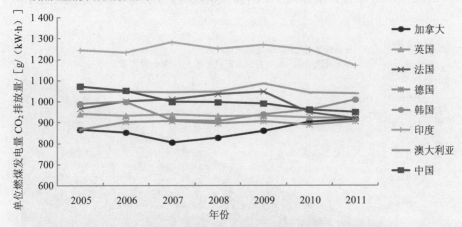

图 10-10　2005—2011 年部分国家单位燃煤发电量 CO_2 排放量情况

来源：日本海外电力调查会，海外电力公用事业统计，2014。

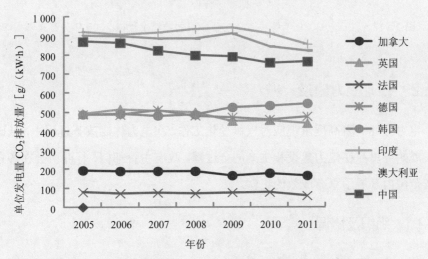

图 10-11　2005—2011 年部分国家单位发电量 CO_2 排放量情况

来源：日本海外电力调查会，海外电力公用事业统计，2014。

电力行业碳排放量增长有效减缓。以 2005 年为基准年，2006—2020 年，通过发展非化石能源、降低供电煤耗和线损率等措施，电力行业累计减少 CO_2 排放约 185.3 亿 t。其中，发展非化石能源的 CO_2 减排贡献率为 62%，降低供电煤耗的 CO_2 减排贡献率为 36%，降低线损率的 CO_2 减排贡献率为 2.6%。

2006—2020 年各种措施减少 CO_2 排放情况（以 2005 年为基准年）见图 10-12。

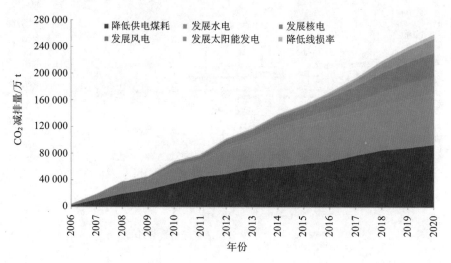

图 10-12　2006—2020 年各种措施减少 CO_2 排放情况（以 2005 年为基准年）

10.2　行业能力建设

电力行业一直高度重视应对气候变化工作，在电力体制改革过程中，低碳电力发展始终贯穿在电力建设和生产的全过程。政府主管部门、行业协会在各自的职责范围内开展了卓有成效的工作。

10.2.1　组织及协调

（1）建立了自律协调机制

2011 年，为加强电力行业应对气候变化工作，促进电力行业转变发展方式，维护行业利益，中电联作为自律性行业组织，牵头成立电力行业应对气候变化协调委员会和专家委员会。协调委员会由中电联牵头，国家电网公司、南方电网公司、各大型发电集团的分管领导构成，主要研究电力行业应对气候变化的自律性机制建设，在政府指导下，协调电力行业参与应对气候变化的行动。专家委员会委员由两院院士、主要电力科研机构及国家部委专家组成，负责向国家有关部门反映政策建议，为企业提出重大措施和行动建议，指导电力行业应对气候变化工作。

（2）发布了《电力行业应对气候变化工作指导意见》

为引导发电企业践行应对气候变化要求，推进电力行业应对气候变化工作，促进电力行业转变发展方式，2011 年，中电联颁布了《电力行业应对气候变化工作指导意见》作为自律性文件，分析了电力行业应对气候变化面临的形势，明确了指导思想、主要任务、工作原则和机制保障等，以指导电力企业开展应对气候变化工作。

（3）成立了电力行业碳排放权交易工作组

2015 年 9 月 6 日，中电联牵头成立电力行业碳排放权交易工作组，成员单位包括中国华能集团等七家大型发电集团公司。2018 年 4 月，电力行业碳排放权交易工作组成员单位调整为中国华能集团、中国大唐集团、中国华电集团、国家能源投资集团、国家电力投资集团、粤电集团、申能集团、深圳能源集团八家大型发电集团公司。工作组的主要任务是在行业层面建立碳排放权交易沟通协调机制，加强发电企业参与碳排放权交易、开展碳减排等相关工作的经验和信息沟通交流，进一步促进电力行业有效开展碳排放权交易工作。

（4）成立了电力行业低碳发展研究中心

受生态环境部委托，中电联于 2018 年开始筹建电力行业低碳发展研究中心。2019 年 6 月 19 日，在 2019 年全国低碳日主场活动上，生态环境部副部长赵英民和中电联专职副理事长王志轩共同为"电力行业低碳发展研究中心"揭牌。该中心开展了一系列政策、技术、规范等研究工作，为电力行业碳排放权交易工作提供技术支持，为政府部门、行业和企业参与全国碳排放权交易体系提供服务。

10.2.2 统计及标准化

（1）开展应对气候变化统计工作

2013 年起，中电联按照政府要求开展了行业应对气候变化统计工作，收集和分析电力行业碳排放相关的主要指标情况。根据国家发展改革委、国家统计局印发的《关于加强应对气候变化统计工作的意见的通知》（发改气候〔2013〕937 号）要求，中电联将与温室气体排放统计相关的五项指标（平均收到基含碳量、低位发热量、锅炉固体未完全燃烧热损失、脱硫吸收剂消耗量、脱硫吸收剂纯度）与电力环保指标合并统计。

（2）开展应对气候变化标准体系建设

中电联组织开展应对气候变化标准的制定和修订工作，在低碳标准化方面开展了以下工作。一是将低碳发展要求贯穿于规划、设计、建设、运行的系列标准之中；二是组织编制应对气候变化的行业标准，如《燃煤电厂二氧化碳排放统计指标体系》（DL/T 1328—2014）、《发电企业碳排放权交易技术指南》（DL/T 2126—2020）等；三是参与国家标准制修订，如《温室气体排放核算与报告要求 第 1 部分：发电企业》（GB/T 32151.1—2015）等。

（3）组建电力低碳系统标准工作组

2021 年中电联组建了第一届电力低碳标准化系统工作组，标委会编号为 CEC/SyC 01，该标委会第一届委员会由 28 名委员组成，秘书处挂靠在中电联规划发展部。该工作组负责归口管理电力低碳标准化体系研究，电力低碳基础通用、管理技术、市场交易、业务应用等方面标准的制修订，电力低碳领域国际标准化工作。

10.2.3 政策研究与发布

（1）组织开展行业应对气候变化政策研究

中电联根据国家应对气候变化要求，结合行业实际情况，组织开展了多项重大课题研究，包括《发电企业碳排放权交易技术指南》《全国碳排放权交易市场

（发电行业）运行实施方案研究》《火电厂烟气二氧化碳排放连续监测技术规范研究》《燃煤电厂二氧化碳排放标准》《电力行业二氧化碳排放技术标准体系》《碳排放权交易信用体系建设等配套制度研究》《维护全国碳市场平稳运行的碳价机制研究》等，以及专项调研项目，包括《自备电厂参与碳排放权交易调研报告》《发电行业碳交易重要机制专题调研》《全国碳市场交易（发电行业）风险及防范调研》等。

（2）发布年度报告和编制政策汇编

中电联与美国环保协会已连续 13 年联合编制并发布中国电力减排研究年度报告，主要包括《中国燃煤电厂大气污染物控制现状》（2008 年）、《中国燃煤电厂大气污染物控制现状》（2009 年）、《中国燃煤电厂大气污染物控制现状》（2010年）、《中国电力减排研究 2011——中国电力行业减排成效及非化石能源发电情景分析》《中国电力减排研究 2012——电力行业主要大气污染物与温室气体协同控制》《中国电力减排研究 2013——霾、PM$_{2.5}$ 与火电厂细颗粒物控制》《中国电力减排研究 2014——燃煤电厂烟气排放连续监测系统现状分析》《中国电力减排政策分析与展望——中国电力减排研究 2015》《火电厂排污许可"一证式"管理制度研究——中国电力减排研究 2016》《新能源发电发展及展望——中国电力减排研究 2017》《中国电力行业碳排放权交易市场进展研究——中国电力减排研究 2018》《中国低碳电力发展指标体系研究——中国电力减排研究 2019》《中国低碳电力发展政策回顾与展望——中国电力减排研究 2020》等。每年编制《电力行业应对气候变化法规政策选编》和《电力行业节能环保低碳相关政策动态》，以便于电力企业和广大从事电力行业应对气候变化工作的相关人员了解、掌握相关法规政策。

10.2.4　技术推广及国际合作

（1）征集与推广电力节能低碳技术

中电联于 2013 年启动电力节能低碳技术征集与推广工作，以加快低碳技术在电力领域的推广与应用，促进新技术、新产品、新工艺、新设备等最大限度地转化为低碳效益；同时，中电联组织专家对征集到的电力节能低碳技术进行评估、筛选，汇编形成了《电力工业低碳技术汇编》。

（2）开展国际合作

中电联长期与非营利性国际环保组织开展低碳研究合作，包括国际能源署、美国环保协会、美国能源基金会、世界资源研究所、国际能源宪章组织等。此外，中电联广泛参与国际交流，参加了法国电力集团低碳发展交流会、清华-哈佛主办的中美碳市场线上交流会、中欧碳市场建设情况线上交流会、国际能源署-国际排放交易协会-电子研究协会主办的温室气体排放交易专家讲习班等。中电联还赴英国、挪威、比利时，与有关能源与环境主管部门、电力企业及碳排放权交易相关机构交流；赴美国、加拿大出席气候行动峰会；赴西班牙参加第 25 届联合国气候变化大会（COP25），为制定发电行业碳交易相关规则提供了国际借鉴经验。

10.3 发电集团能力建设

五大发电集团贯彻执行国家和地方出台的碳排放权交易政策，对集团碳资产进行统一的专业化管理，成立碳资产专业公司，完成碳排放核查工作，摸清排放和配额情况，配合全国碳排放数据报送和监管系统平台的搭建和测试运行，不断提升碳排放信息化管理水平。定期组织发电企业进行碳排放管理专业技术培训，不断提升碳排放综合管理能力（表 10-2）。

表 10-2　五大发电集团碳资产公司名称及成立时间

发电集团	碳资产公司名称	成立时间
中国华能集团有限公司	华能碳资产经营有限公司	2010 年 7 月 9 日
中国大唐集团有限公司	大唐碳资产有限公司	2016 年 4 月 12 日
中国华电集团有限公司	中国华电集团碳资产运营有限公司	2021 年 6 月 18 日
国家能源投资集团有限责任公司	龙源（北京）碳资产管理技术有限公司	2008 年 8 月 27 日
国家电力投资集团有限公司	国家电投集团北京电能碳资产管理有限公司	2008 年 1 月 15 日

各发电集团均每年开展碳排放核查工作，并按照配额分配方案进行测算，摸清排放和配额情况，分析碳排放企业碳排放和配额情况的特点。同时，开发风电、水电等自愿减排项目。电力行业碳排放权交易工作组成员单位 CCER 项目开发情况见表 10-3。

表 10-3　电力行业碳排放权交易工作组成员单位 CCER 项目开发情况

（截至申请暂停受理日——2017 年 3 月 17 日）

项目备案		减排量备案	
项目数/个	预计年减排量/万 t	项目数/个	减排量/万 t
255	2 589	61	881

发电集团通过建立信息化平台提升碳排放信息化管理水平。信息化平台主要涵盖集团公司、碳资产公司、二级单位、三级单位四类用户，实现数据信息管理、碳资产管理、国家核证自愿减排量项目管理、预警管理、市场信息查询、履约分析、综合信息管理和政策资讯等基础功能，设置数据信息管理、碳资产管理、国家核证自愿减排量项目管理、政策资讯等功能模块。

为积极参与全国碳排放权交易，各发电集团不断加大集团碳排放管理能力建设力度，定期组织碳排放管理专业技术培训，研究及宣传贯彻国家碳排放有关政策法规，掌握市场建设进展，安排参与碳排放权交易试点的发电企业分享经验，不断提升碳排放综合管理能力。针对配额交易、国家核证自愿减排量交易的操作模式、交易种类、交易策略进行梳理并开展模拟演练。发电集团通过碳排放权交易能力建设提升了各有关单位开展碳排放权履约及参与市场交易的能力，为全面参与全国碳排放权交易提供切实保障。

在碳达峰目标和碳中和愿景下，以五大发电集团为代表的主要发电企业明确了碳达峰、碳中和时间表和相关具体目标，并已开展行动。发展碳交易和碳金融被列入实现"双碳"目标的重要举措（表 10-4）。

表 10-4　五大发电集团碳达峰时间表及主要目标

宣布时间	发电集团	碳达峰时间表及主要目标
2020 年 12 月 8 日	国家电力投资集团有限公司	国家电力投资集团有限公司党组书记、董事长钱智民在 2020 中国品牌论坛上发表演讲： 到 2023 年，实现"碳达峰"；到 2025 年，电力装机达到 2.2 亿 kW，清洁能源装机比重提升到 60%；到 2035 年，电力装机达 2.7 亿 kW，清洁能源装机比重提升到 75%
2020 年 12 月 20 日	国家能源投资集团有限责任公司	国家能源投资集团有限责任公司党组书记、董事长王祥喜在党组会上提出： 抓紧制定 2025 年碳排放达峰行动方案，坚定不移地推进产业低碳化和清洁化，提升生态系统碳汇能力。"十四五"时期，实现新增新能源装机 7 000 万～8 000 万 kW、占比达到 40% 的目标
2021 年 1 月 17—18 日	中国华能集团有限公司	中国华能集团有限公司党组书记、董事长舒印彪在 2021 年工作会议上提出： 到 2025 年，发电装机达到 3 亿 kW 左右，新增新能源装机 8 000 万 kW 以上，确保清洁能源装机占比 50% 以上，碳排放强度较"十三五"下降 20%，到 2035 年，发电装机突破 5 亿 kW，清洁能源装机占比 75% 以上
2021 年 1 月 21 日	中国大唐集团有限公司	中国大唐集团有限公司党组书记、董事长邹磊在 2021 年工作会上提出： 到 2025 年非化石能源装机超过 50%，提前 5 年实现"碳达峰"。在达峰阶段，集团非化石能源装机占比要升至 60% 左右，2030 年前实现碳达峰并力争提前碳达峰。在碳减排阶段，非化石能源装机占比要升至 90% 以上，确保 2060 年前实现碳中和并力争提前碳中和
2021 年 3 月 8 日	中国华电集团有限公司	中国华电集团有限公司董事长、党组书记温枢刚在"两会"期间对外表示： "十四五"期间，力争新增新能源装机 7 500 万 kW，"十四五"末期非化石能源装机占比力争达到 50%，非煤装机（清洁能源）占比接近 60%，有望 2025 年实现碳排放达峰

中国主要发电集团应对气候变化体制机制建设进展情况

（1）中国华能集团有限公司

一是建立健全碳排放管理体制机制，发布《温室气体减排管理办法》，完善碳资产三级管理体系，明确各部门、二级公司和基层企业碳资产管理职责，确定了碳资产统一规划、统一开发、统一核算、统一交易的管理原则。

二是强化技术支撑，成立专业碳资产公司，统一开展公司火电企业碳排放核算及交易咨询技术服务，探索开展碳金融创新，强化碳资产统一专业化管理。

三是加强碳资产管理工作资金保障，安排年度碳排放核算及交易履约咨询服务预算，设立专项资金开发自愿减排项目，为碳排放权交易提供资金保障。

四是贯彻绿色低碳发展理念，大力发展风电、光伏等清洁能源，发展高效清洁煤电机组；强化科技引领，将煤炭清洁利用、节能减排作为科技研发重点，开展碳捕集项目示范研究，探索电力行业低碳绿色发展路径。

五是加强碳排放数据管理，将碳排放数据纳入日常生产经营统计范畴，积极探索碳排放在线实时监测技术，建设碳资产管理信息化平台，提升碳资产信息化管理能力。

六是强化能力建设，定期举行政策解读、业务培训及宣传讲解，注重提升碳资产综合管理能力。

七是为加强碳达峰碳中和前瞻性研究和战略性布局，统筹研究资源，成立华能碳中和研究所。重点研究碳中和对国家能源体系、能源市场、供需关系等产生的影响，电气化对实现碳中和目标的关键作用，中国华能实现碳中和目标的路径和关键技术选择等。

（2）中国大唐集团有限公司

一是成立碳资产公司，其主要职责包括全面配合中国大唐集团有限公司搭建碳资产运营管理架构，制定各项管理制度，开展集团碳盘查、配合第三方碳核查，开发国家核证自愿减排量项目，开展碳排放权交易，探索碳金融等工作。

二是印发《中国大唐集团公司碳资产管理办法（试行）》，确立统一开展碳减排规划、统一开展碳排放统计、统一开展碳减排项目开发和统一开展碳指标交易"四统一"的工作原则。

三是搭建完成集团碳资产管理平台，设置数据信息管理、碳资产管理、国家核证自愿减排量项目管理、政策资讯等功能模块。

四是组织全系统进行碳资产管理集中培训，了解国家碳排放相关政策及碳排放核算方法。

五是参与编制国家和行业标准，包括国家标准《火力发电企业能源管理体系实施指南》（GB/T 38218—2019）及行业标准《发电企业碳排放交易技术指南》等。

六是依托大唐碳资产有限公司组建中国大唐集团绿色低碳发展有限公司，以绿色低碳循环发展体系建设为核心，推进绿色咨询服务、低碳资产运营、绿色金融、低碳投资"4个板块"建设，深化产学研合作，打造绿色低碳产业集群。

（3）中国华电集团有限公司

一是完善组织建设，于2014年年底在五大发电集团中率先在集团总部层面成立碳排放管理机构，负责集团公司碳排放及碳排放权交易的统筹协调和归口管理工作，形成自上而下的三级管理体系。

二是加强制度建设，于2016年3月发布《中国华电集团公司发电企业温室气体排放统计核算管理办法》。

三是夯实能力建设，邀请知名专家就"碳市场政策及市场建设、监测、报告、核查体系、国家核证自愿减排量、碳资产管理"等专题对集团有关单位进行培训。

四是组织发布《中国华电集团公司"十二五"温室气体排放白皮书》，这是《巴黎协定》签署后中央企业首次公开发布的温室气体排放报告。完成集团公司"十三五"碳排放规划，成为首家编制碳排放专项规划的中央企业。2021年再次发布《"十三五"碳排放白皮书》，全面总结碳排放管理中的新思路、新举措、新成效。

五是率先实现元素碳检测全覆盖。

六是发布碳达峰行动方案,明确了碳达峰时间表、制定了碳达峰行动路线图和施工图。

(4)国家能源投资集团有限责任公司(以下简称国家能源集团)

一是集团依托参与国际碳市场的成功经验,建立集团公司—子分公司—基层企业"三级管控体系",确立统一管理、统一核算、统一开发、统一交易的"四统一"的碳排放管理原则,在集团内推行专业化服务。

二是加强企业温室气体排放监测工作,科学有效地开展温室气体核算和报告,制定发布了《碳排放管理规定》《温室气体排放监测管理办法》《温室气体排放核算和报告管理办法》三个厂级碳排放管理制度模板。

三是建设了内部碳资产管理信息系统,实现了产业全覆盖,包括煤炭、电力、化工、运输板块等的控排企业,水电、风电、太阳能等新能源企业,金融企业,以及包括排放管理,MRV(监测、报告与核查)管理,配额管理,CCER管理,交易管理,履约管理,碳金融管理,碳捕获、利用与封存(CCUS)管理八大功能模块。碳资产管理信息系统将作为贯彻集团"四统一"管理的重要抓手,实施大数据和碳账本管理,为碳交易提供科学决策依据。

四是通过组织年中检查指导,强化数据质量控制计划的制订和执行,使企业碳排放数据质量大幅提升。为确保碳排放数据质量,国家能源集团结合理论推导与数据逻辑,综合评判燃煤加权热值与缩分样热值比例阈值范围、碳元素含量与发热量线性度、负荷率与排放强度相关性以及排放强度与煤耗关系,解决了实测元素碳含量和碳氧化率等技术难点,创新形成的确认供热煤耗阈值范围等做法已被核查机构普遍采用。

五是集团内部每年常态化举办碳排放培训。2018—2020年,国家能源集团对内部180多家火电化工企业的600余名员工开展了专业培训,全面系统地提升了企业碳排放管理能力。同时,相关的人员培训每年都在滚动进行,不断提升相关人员的专业水平。

六是积极参与全国碳市场建设,先后对全国碳市场的《碳排放权交易管理暂行条例》《碳排放交易规则》《排放报告管理暂行办法》《核查管理办法》《碳排放权登记结算与交易活动管理办法》等关键制度提出意见和建议。深度参与了全国碳市场配额分配方案制定，多次参与配额试算。旗下的龙源（北京）碳资产管理技术有限公司参与编制《发电企业碳交易技术指南》，该指南将填补国内发电企业碳交易系统性指导文件的空白。

七是国家能源集团智库与国家发展和改革委员会能源研究所、清华大学低碳能源实验室、中国科学院数学与系统科学研究院（预测科学研究中心）、中国社科院工业经济研究所等四家单位签订战略合作意向书，共同研究国家能源集团率先引领能源煤炭电力行业碳达峰、碳中和的战略路径。

（5）国家电力投资集团有限公司

一是 2008 年年初组建专业化碳资产管理团队——国家电投集团北京电能碳资产管理有限公司，作为专业化服务单位，为集团公司提供碳资产管理专业化支持，为企业提供碳核算、碳排放权交易、碳金融、CCER 开发等碳减排与碳资产管理专业化、全流程服务。

二是发布《国家电力投资集团公司碳排放管理办法》，作为碳资产统一管理制度和章程的支撑，明确了"四统一"的碳资产管理原则，以及集团公司、所属二三级单位和碳资产公司的权力和职责，做到管理集中、权力分级，职责明晰。每年制定《碳排放管理重点工作任务》并发布相关通知，确保各项工作开展及时到位。

三是运用"互联网+碳资产管理"思维建设信息化碳排放管理系统，对碳排放数据进行集约化管理，为碳资产科学化、规范化管理提供支撑。

四是组织开展碳减排与碳资产经营管理课题研究、多层面的碳排放管理能力建设，提高集团公司的整体管理水平。

五是成功发行国家电力投资集团有限公司 2021 年度第一期绿色中期票据（碳中和债），成为首批银行间市场"碳中和"债券发行人。

11 发电企业碳排放权交易实务

11.1 核算与报告

发电企业温室气体排放核算和报告工作依据生态环境部发布的《关于加强企业温室气体排放报告管理相关工作的通知》（环办气候〔2021〕9 号）中附件 2《企业温室气体排放核算方法与报告指南 发电设施》（以下简称《发电设施指南》）开展。本节中的发电企业是指火力发电企业。

国家碳市场帮助平台

国家碳市场帮助平台是国家碳排放权交易市场的官方问答平台,针对碳市场建设和运行过程中出现的各种问题，尤其是与配额分配、监测、报告与核查（MRV）、注册登记系统相关的问题，由生态环境部应对气候变化司指定专家进行权威解答,确保参与者对市场规则及技术标准有统一的认识和理解，从而有效推动碳市场的建设和运行。该平台由挪威环境署资助建设，在生态环境部应对气候变化司的统一指导下，成立了专门的项目小组负责平台运行与维护。该平台一方面及时解答碳市场建设和运行中的相关问题，另一方面发现市场运行中存在的问题，为碳市场的改进及完善提供依据。

11.1.1 排放核算

发电设施温室气体排放核算工作程序包括核算边界和排放源确定、数据质量控制计划编制、化石燃料燃烧排放核算、购入电力排放核算、生产数据信息获取、排放量计算、定期报告、信息公开和数据质量管理等（图11-1）。

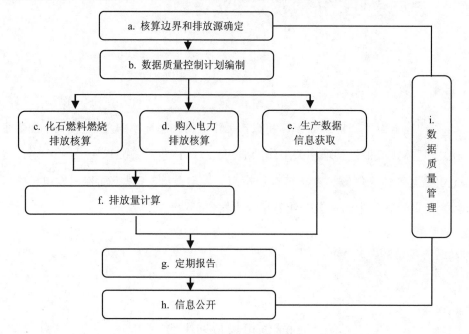

图 11-1　发电设施温室气体排放核算工作程序

以上工作程序描述如下。

a. 核算边界和排放源确定

确定重点排放单位核算边界，识别纳入边界的排放设施和排放源。排放报告应包括核算边界所包含的装置、所对应的地理边界、组织单元和生产过程。

b. 数据质量控制计划编制

按照各类数据测量和获取要求编制数据质量控制计划，并按照数据质量控制计划实施温室气体的测量活动。

c. 化石燃料燃烧排放核算

收集活动数据、确定排放因子，计算发电设施化石燃料燃烧排放量。

d. 购入电力排放核算

收集活动数据、确定排放因子，计算发电设施购入使用电量所对应的排放量。

e. 生产数据信息获取

获取和计算发电量、供电量、供热量、供热比、供电煤（气）耗、供热煤（气）耗、供电碳排放强度、供热碳排放强度、运行小时数和负荷（出力）系数等生产信息和数据。

f. 排放量计算

汇总计算发电设施 CO_2 排放量。

g. 定期报告

定期报告温室气体排放数据及相关生产信息，并报送相关支撑材料。

h. 信息公开

定期公开温室气体排放报告相关信息，接受社会监督。

i. 数据质量管理

明确实施温室气体数据质量管理的一般要求。

11.1.1.1　核算边界

根据《发电设施指南》要求，温室气体排放核算和报告范围包括化石燃料燃烧产生的 CO_2 排放、购入使用电力产生的 CO_2 排放。对于企业的碳酸盐脱硫剂的消耗量、食堂的燃料消耗量、移动源车辆的燃料消耗量等机组边界以外的数据均不再需要进行监测管理、汇总和计算。对于生物质混合燃料燃烧发电的 CO_2 排放，仅统计混合燃料中化石燃料（如燃煤）的 CO_2 排放；对于垃圾焚烧发电引起的 CO_2 排放，仅统计发电中使用化石燃料（如燃煤）的 CO_2 排放。

不同类型发电企业温室气体排放源见表 11-1。

表 11-1　不同类型发电企业温室气体排放源

电厂类型	化石燃料火力发电			生物质燃烧发电	垃圾焚烧发电
	燃煤电厂	燃气电厂	燃油电厂		
化石燃料燃烧	√	√	√	√	√
购入使用电力	√	√	√	√	√

发电企业温室气体常见排放源、排放设施与能源/原材料品种见表11-2。

表11-2 发电企业温室气体常见排放源、排放设施与能源/原材料品种

排放源类别	排放设施	能源/原材料品种
化石燃料燃烧	火力发电过程中使用的锅炉（燃煤锅炉、天然气锅炉、燃油锅炉、生物质锅炉、混合燃料锅炉等）	燃煤、燃油、燃气
	燃气机轮、内燃机	燃气、燃油
	柴油发电机	柴油、重油
	交通工具及其他移动源设施	汽油、柴油、液化石油气
购入使用电力产生的排放	火力发电过程中使用的各类耗电设备（给水泵、引风机、磨煤机、循环水泵等）	电力
	厂部、生产区内的生活设施（宿舍、办公楼等）	电力

11.1.1.2 核算方法

发电企业活动数据的监测主要是指对化石燃料消耗量、化石燃料低位发热量、购入电量等的监测，排放因子监测或确认的相关参数主要是指化石燃料单位热值含碳量、碳氧化率和电网排放因子等。在监测方法的选择上，应基于可测量、可核查的原则来确定，可以采用基于计算和基于测量两种方法，若采用基于计算的方法，排放主体应对活动数据和相关参数进行监测。若采用基于测量的方法，排放主体应对烟气中温室气体排放的浓度、烟气流速等物理量进行实时监测。

发电企业温室气体总排放量计算公式如下：

$$E = E_{燃烧} + E_{电} \tag{11-1}$$

式中，E —— 发电设施 CO_2 排放量，tCO_2；

$E_{燃烧}$ —— 化石燃料燃烧排放量，tCO_2；

$E_{电}$ —— 购入使用电力产生的排放量，tCO_2。

不同过程的活动水平与排放因子的对应关系见表11-3。

表 11-3　不同过程的活动水平与排放因子的对应关系

不同过程	活动水平	排放因子
燃料燃烧过程	AD_i	EF_i
外购电	$AD_电$	$EF_电$

11.1.1.2.1　化石燃料燃烧排放计算

化石燃料燃烧的排放量是统计期内发电设施各种化石燃料燃烧产生的 CO_2 排放量的加总，计算公式如下：

$$E_{燃烧} = \sum_{i=1}^{n}\left(AD_i \times EF_i\right) \qquad (11\text{-}2)^*$$

式中，$E_{燃烧}$ —— 化石燃料燃烧的排放量，tCO_2；

AD_i —— 第 i 种化石燃料的活动数据，GJ；

EF_i —— 第 i 种化石燃料的 CO_2 排放因子，tCO_2/GJ；

i —— 化石燃料类型代号。

1）化石燃料的活动数据是统计期内燃料的消耗量与其低位发热量的乘积，计算公式如下：

$$AD_i = FC_i \times NCV_i \qquad (11\text{-}3)$$

式中，AD_i —— 第 i 种化石燃料的活动数据，GJ；

FC_i —— 第 i 种化石燃料的消耗量，对于固体或液体燃料，t；对于气体燃料（标态），$10^4\,m^3$；

NCV_i —— 第 i 种化石燃料的低位发热量，对于固体或液体燃料（标态），GJ/t；对于气体燃料（标态），$GJ/10^4\,m^3$。

燃煤的年度平均收到基低位发热量由月度平均收到基低位发热量加权平均计算得到，其权重是燃煤月消耗量。其中，入炉煤月度平均收到基低位发热量由每日平均收到基低位发热量加权平均计算得到，其权重是每日入炉煤消耗量。入厂煤月度平均收到基低位发热量由每批次平均收到基低位发热量加权平均计算得到，其权重是该月每批次入厂煤量。

燃油、燃气的年度平均低位发热量由每月平均低位发热量加权平均计算得到，其权重为每月燃油、燃气消耗量。

2）化石燃料燃烧的 CO_2 排放因子包含两个参数：化石燃料燃烧的单位热值含碳量和碳氧化率。两者的乘积乘以 CO_2 与碳的分子量之比即为化石燃料燃烧的 CO_2 排放因子，计算公式如下：

$$EF_i = CC_i \times OF_i \times \frac{44}{12} \qquad (11\text{-}4)$$

式中，EF_i——第 i 种化石燃料燃烧的 CO_2 排放因子，tCO_2/GJ；

CC_i——第 i 种化石燃料燃烧的单位热值含碳量，tC/GJ；

OF_i——第 i 种化石燃料燃烧的碳氧化率，%；

44/12——CO_2 与碳的分子量之比。

①单位热值含碳量

对于燃煤的单位热值含碳量，根据发电设施指南的要求，燃煤元素碳含量应优先采用每日入炉煤的检测数值。已委托有资质的机构进行入厂煤品质检测，且元素碳含量检测方法符合指南要求，可采用每月各批次入厂煤检测数据加权计算得到当月入厂煤元素碳含量数值。不具备每日入炉煤检测条件和入厂煤品质检测条件的，应每日采集入炉煤缩分样品，每月将获得的入炉日缩分样品混合，用于检测其收到基元素碳含量。每月样品采集之后应于 30 个自然日内完成对该月样品的检测。具体测量标准应符合《煤中碳和氢的测定方法》（GB/T 476—2008）、《煤中碳氢氮的测定　仪器法》（GB/T 30733—2014）、《燃料元素的快速分析方法》（DL/T 568—2013）、《煤的元素分析》（GB/T 31391—2015）中任意一个。燃煤月平均单位热值含碳量计算公式如下：

$$CC_{煤} = \frac{C_{煤}}{NCV_{煤}} \qquad (11\text{-}5)$$

式中，CC$_煤$——燃煤的单位热值含碳量，tC/GJ；

NCV$_煤$——燃煤的收到基低位发热量，GJ/t；

$C_煤$——燃煤的元素碳含量，tC/t。

其中，燃煤的年度平均单位热值含碳量通过每月的单位热值含碳量加权平均计算得出，其权重为燃煤月活动数据（热量）。燃煤的元素碳含量通过每月或每日的含碳量加权平均计算得出，其权重为燃煤每月或每日消耗量。

当某日或某月的燃煤单位热值含碳量无实测时，或测定方法均不符合指南要求时，该日或该月的燃煤单位热值含碳量应不区分煤种取 0.033 56 tC/GJ。这将导致单位热值含碳量比实测的高 20%以上，给企业带来额外的排放量。因此企业应高度重视对燃煤单位热值含碳量的检测。

燃油和燃气的单位热值含碳量采用《发电设施指南》附录 B 表 B.1 的推荐值。对于生物质混合燃料发电机组以及垃圾焚烧发电机组中化石燃料的单位热值含碳量，应参考上述单位热值含碳量的测量和计算方法。

相关知识

"国家碳市场帮助平台"电力行业问题解答摘录（1）

问：发电企业的化石原料供应商提供了化石燃料的排放因子数据检测值，且检测频次满足指南要求，能否采纳？

答：能采纳化石原料供应商提供的且满足指南相关要求的排放因子数据检测值。

问：企业在计算燃煤的单位热值含碳量时，燃煤的元素碳含量可以用收到基表示吗？

答：可以，元素碳含量指的是收到基元素碳含量。

②碳氧化率

燃煤的碳氧化率不区分煤种取 99%；燃油和燃气的碳氧化率采用《发电设施指南》附录 B 表 B.1 中各燃料品种对应的缺省值。

11.1.1.2.2　购入电力产生的排放

对于购入使用电力产生的排放量的计算采用排放因子法，其中活动数据为发电企业净购入电量，电网排放因子采用 0.610 1 tCO$_2$/（MW·h）或生态环境部发布的最新数值，计算公式如下：

$$E_{电} = AD_{电} \times EF_{电}　　　　　　　（11-6）$$

式中，$E_{电}$—— 购入使用电力产生的排放量，tCO$_2$；

　　　$AD_{电}$—— 购入使用电量，MW·h；

　　　$EF_{电}$—— 电网排放因子，tCO$_2$/（MW·h）。

在活动数据获取时，应注意区分消费的购入电量、购入但未消费的电量，仅有消费的购入电量作为核算时使用的活动数据。

11.1.2　制订数据质量控制计划

《发电设施指南》重新规范和强化了数据质量控制计划的具体要求和内容。为确保碳排放相关数据质量，《发电设施指南》对数据质量控制计划的内容、修订要求、执行要求三个方面均做了明确的规定。

1）强调数据质量控制计划内容须包含版本及修订情况、重点排放单位情况、核算边界和主要排放设施情况、数据的确定方式、数据内部质量控制和质量保证相关规定，与原数据质量控制计划基本一致（表 11-4）。

表 11-4　数据质量控制计划包含的内容

内容名称	描述
版本及修订情况	数据质量控制计划的版本及修订情况
重点排放单位情况	包括重点排放单位基本信息、主营产品、生产工艺、组织机构图、厂区平面分布图、工艺流程图等内容

内容名称	描述
核算边界和主要排放设施情况	包括核算边界的描述，设施名称、类别、编号、位置情况等内容
数据的确定方式	包括所有活动数据、排放因子和生产数据的计算方法，数据获取方式，相关测量设备信息（如测量设备的名称、型号、位置、测量频次、精度和校准频次等），数据缺失处理，数据记录及管理信息等内容。测量设备精度及设备校准频次要求应符合相应计量器具配备要求
数据内部质量控制和质量保证相关规定	包括数据质量控制计划的制订、修订以及执行等管理程序，人员指定情况，内部评估管理，数据文件归档管理程序等内容

2）明确规定了数据质量控制计划可以修订的情形，即：

①排放设施发生变化或使用数据质量控制计划时未包括的新燃料或物料产生的排放；

②采用新的测量仪器和方法，使数据的准确度提高；

③发现之前采用的测量方法所产生的数据不正确；

④发现更改计划可提高报告数据的准确度；

⑤发现计划不符合《发电设施指南》核算和报告的要求；

⑥生态环境部明确的需要修订的其他情况。

3）要求企业严格按照数据质量控制计划执行相关测量活动，并要求发电设施、核算边界、排放数据测量、测量设备校准和维护、测量结果、数据缺失处理方式、内部质量控制和保证均与数据质量控制计划一致。

11.1.3　编制温室气体排放报告

重点排放单位应在每个月结束之后的 40 个自然日内，通过全国排污许可证管理信息平台报告该月的活动数据、排放因子、生产相关信息和必要的支撑材料，并于每年 3 月 31 日前编制提交上一年度的排放报告，其包括重点排放单位基本信息、机组及生产设施信息、活动数据、排放因子、生产相关信息、支撑材料等温室气体排放及相关信息，并按照《发电设施指南》附录 C 的格式要求进行报告。具体报告要求见表 11-5。

表 11-5　温室气体排放报告的内容要求

内容	要求
重点排放单位基本信息	重点排放单位应报告重点排放单位名称、统一社会信用代码、排污许可证编号等基本信息
机组及生产设施信息	重点排放单位应报告每台机组的燃料类型、燃料名称、机组类型、装机容量，以及锅炉、汽轮机、发电机、燃气轮机等主要生产设施的名称、编号、型号等相关信息
活动数据	重点排放单位应报告化石燃料消耗量、化石燃料低位发热量、机组购入使用电量数据
排放因子	重点排放单位应报告化石燃料单位热值含碳量、碳氧化率、电网排放因子数据
生产相关信息	重点排放单位应报告发电量、供电量、供热量、供热比、供电煤（气）耗、供热煤（气）耗、运行小时数、负荷（出力）系数、供电碳排放强度、供热碳排放强度等数据
支撑材料	重点排放单位应在排放报告中说明各项数据的来源，并报送相关支撑材料，支撑材料应与各项数据的来源一致，并符合《发电设施指南》中的报送要求。报送提交的原始检测记录中应明确显示检测依据（方法标准）、检测设备、检测人员和检测结果

发电企业编制排放报告的注意事项如下。

1）尽早启动年度报告编制工作。在上一年度数据齐全后，尽快组织编写以便及时发现问题，为第三方核查和解决问题提供充裕的时间。

2）应注意监测的活动数据和排放因子的数据来源及证据的整理与验证工作，以备核查时用于证据环节交叉核对。

3）严格按照管理机构公布的编制格式和内容进行编制，不应擅自改动和调整。企业有特殊情况无法使用报告编制格式时，需及时与管理机构沟通，商讨解决办法。

4）在报告编制阶段，当企业发现报告要求不适用且不能反映企业特殊状况，并可能导致企业碳排放权益受到损害时，应尽快向管理机构报告，共同商讨解决办法。

5）建议企业建立报告内部审核制度，安排非编写人员对报告进行内部检查校核。

6）报告编制坚持实事求是原则。

相关知识

"国家碳市场帮助平台"电力行业问题解答摘录（2）

问：《中国发电企业温室气体核算方法与报告指南（试行）》中为什么只明确了要报告净购入电量带来的排放，没有明确热力如何计算和报告？

答：发电企业不需要报告购入及输出的热量。

问：机组的化石燃料燃烧排放包括哪些？

答：对于机组的化石燃料燃烧排放，如果是燃煤发电机组，只包括煤炭燃烧和辅助燃油/燃气的排放；如果是燃气发电机组，只包括天然气燃烧的排放。两种类型机组均不包括移动源、食堂等其他消耗化石燃料产生的排放。

问：什么情况下可以多个机组合并报数？

答：在产出相同（都为纯发电或者都为热电联产）、机组压力参数与装机容量等级相同的情况下，燃料消耗量、低位发热量、单位热值含碳量、供电量或者供热量中有任意一项无法用分机组计量的，可合并报数。

问：如果外购电量无法分机组，应如何填报？

答：如果外购电量无法分机组，可按机组数目平分。

问：在合并填报的情况下，特别是在装机容量不同的情况下，负荷率和运行小时数如何填报？

答：填写加权平均值，即

$$运行小时数 = \frac{\sum_{i}^{n} 额定装机容量_i \times 运行小时数_i}{\sum_{i}^{n} 额定装机容量_i}$$

$$负荷率 = \frac{总发电量}{\sum_{i}^{n} 额定装机容量_i \times 运行小时数_i}$$

11.1.4 数据质量管理

数据质量管理工作是企业确保温室气体排放量核算数据的准确性、提升温室气体管理能力的重要手段。重点排放单位应加强发电设施温室气体数据质量管理，具体工作包括但不限于以下几个方面：

1）建立温室气体排放核算和报告的内部管理制度和质量保障体系，包括明确负责部门及其职责、具体工作要求、数据管理程序、工作时间节点等。指定专职人员负责温室气体排放核算和报告工作。

2）建立温室气体数据内部台账管理制度。台账应明确数据来源、数据获取时间及填报台账的相关责任人等信息。排放报告所涉及数据的原始记录和管理台账应至少保存五年，确保相关排放数据可被追溯。建立温室气体排放报告内部审核制度，定期对温室气体排放数据进行交叉校验，对可能产生的数据误差风险进行识别，并提出相应的解决方案。

3）按照表 11-6 的燃煤元素碳含量测定方法标准进行燃煤样品的采样、制样和化验，保存燃煤样品的采样、制样、化验等全过程的原始记录，所有燃煤样品应至少留存一年备查。自行检测低位发热量、单位热值含碳量的，其实验室能力应满足《检测和核准实验室能力的通用要求》（GB/T 27025—2019）对人员、能力、设施、设备、系统等资源要求的规定，确保使用适当的方法和程序开展检测、记录和报告等实验室活动，并保留原始记录备查；委托检测低位发热量、单位热值含碳量的，应确保被委托的机构/实验室通过中国计量认证（CMA）认定或通过中国合格评定国家认可委员会（CNAS）认可，并保留机构出具的检测报告备查。

定期对计量器具、检测设备和测量仪表进行维护管理，并记录存档。

表 11-6　燃煤元素碳含量测定方法标准

序号	项目	方法标准名称	方法标准编号
1	采样	商品煤样人工采取方法	GB/T 475—2008
		煤炭机械化采样　第 1 部分：采样方法	GB/T 19494.1—2004

序号	项目	方法标准名称	方法标准编号
2	制样	煤样的制备方法	GB/T 474—2008
3	化验	煤中碳和氢的测定方法	GB/T 476—2008
		煤中碳氢氮的测定　仪器法	GB/T 30733—2014
		燃料元素的快速分析方法	DL/T 568—2013
		煤的元素分析	GB/T 31391—2015
4	不同基的换算	煤炭分析试验方法一般规定	GB/T 483—2007
		煤炭分析结果基的换算	GB/T 35985—2018
		煤中全水分的测定方法	GB/T 211—2017
		煤的工业分析方法	GB/T 212—2008

　　4）应按照《发电设施指南》规定的优先级顺序选取各数据，并且各核算年度的获取优先序不应降低。《发电设施指南》规定的数据监测与获取优先序见表11-7。当相关参数未按《发电设施指南》要求测量或获取时，应采用生态环境部发布的相关参数值核算其排放量。

表 11-7　《发电设施指南》规定的数据监测与获取优先序

数据类别	数据监测与获取优先序
化石燃料消耗量	1）生产系统记录的数据； 2）购销存台账中的数据； 3）供应商提供的结算凭证数据
燃煤的收到基低位发热量	1）每日入炉煤检测数值； 2）不具备入炉煤检测条件的，采用每日或每批次入厂煤检测数值
燃煤元素碳含量	1）每日入炉煤检测数值； 2）已委托有资质的机构进行入厂煤品质检测，且元素碳含量检测方法符合本指南要求的，可采用每月各批次入厂煤检测数据加权计算得到当月入厂煤元素碳含量数值； 3）不具备每日入炉煤检测条件和入厂煤品质检测条件的，应每日采集入炉煤缩分样品，每月将获得的日缩分样品混合，用于检测其收到基的元素碳含量
购入使用电力的活动数据	1）电表记录的读数； 2）供应商提供的电费结算凭证上的数据

数据类别	数据监测与获取优先序
供热量数据	1）直接计量的热量数据； 2）结算凭证上的数据
供热比	1）生产系统记录的实际运行数据； 2）结算凭证上的数据； 3）相关技术文件或铭牌规定的额定值
供电煤（气）耗和供热煤（气）耗	1）企业生产系统的数据； 2）采用指南附录 A 公式（A.17）和公式（A.18）的计算方法，此时供热比不能采用公式（A.14）获得
运行小时数和负荷（出力）系数	1）单台机组填报时，企业生产系统数据； 2）单台机组填报时，企业统计报表数据； 3）多台机组合并填报时，企业生产系统数据； 4）多台机组合并填报时，企业统计报表数据

11.1.5　CEMS 碳排放监测应用

我国火电厂已安装烟气自动监控系统（CEMS）并运行 20 余年，无论是环保主管部门还是火电企业都积累了丰富的管理经验。自《火电厂大气污染物排放标准》（GB 13223—1996）首次提出火电厂安装 CEMS 的强制性要求以来，火电厂全面安装、运维、管理 CEMS，为推行火电厂烟气 CO_2 在线监测奠定了技术基础。同时，环保主管部门从 CEMS 设备监管、数据审查、政策激励等方面也积累了丰富的经验，为推行火电厂烟气 CO_2 在线监测奠定了管理基础。

11.1.5.1　相关政策

目前，中国针对火电厂烟气 CO_2 在线监测的政策较少，仅在《固定污染源烟气（SO_2、NO_x、颗粒物）排放连续监测技术规范》（HJ 75—2017）、《固定污染源烟气（SO_2、NO_x、颗粒物）排放连续监测系统技术要求及检测方法》（HJ 76—2017）两项环境标准中有所体现。在这两项标准中，给出了不同燃料燃烧产生的最大 CO_2 浓度范围，通过 CEMS 测定烟气中的氧含量，进而计算烟气中 CO_2 排放浓度。计算公式如下：

$$C_{CO_2} = C_{CO_2max} \times \left(1 - \frac{C_{O_2}}{20.9/100}\right) \qquad (11\text{-}7)$$

式中，C_{CO_2} —— 烟气中 CO_2 排放的体积分数，%；

　　　C_{O_2} —— 烟气中 O_2 的体积分数，是通过 CEMS 实测的数值，%；

　　　C_{CO_2max} —— 燃料燃烧产生的最大 CO_2 体积分数，%。

标准中给出了 C_{CO_2max} 的近似值，见表 11-8。

表 11-8　C_{CO_2max} 的近似值　　　　　　　　　　　　　　　单位：%

燃料类型	烟煤	贫煤	无烟煤	燃料油	石油气	液化石油气	湿性天然气	干性天然气	城市煤气
体积分数	18.4~18.7	18.9~19.3	19.3~20.2	15.0~16.0	11.2~11.4	13.8~15.1	10.6	11.5	10.0

由于燃料的变化，经验值与真实值难免存在偏差。因此，需要结合《固定污染源废气　二氧化碳的测定　非分散红外吸收法》（HJ 870—2017）等手工监测方法，对 CEMS 计算得到的 CO_2 排放体积分数进行校准，从而保证 CEMS 计算 CO_2 排放体积分数的准确性。HJ 870—2017 采用了非分散红外吸收法测定固定污染源废气中 CO_2 的体积分数，是较为便捷的手工监测方法，通常采用便携式烟气分析仪即可现场读取数据。该标准的方法检出上限为 0.03%（0.6 g/m³），测定下限为 0.12%（2.4 g/m³）。非分散红外吸收法 CO_2 测定仪性能要求见表 11-9。

表 11-9　非分散红外吸收法 CO_2 测定仪性能要求

项目	指标
示值误差	不超过 ±5%
系统偏差	不超过 ±5%
零点漂移	不超过 ±3%
量程漂移	不超过 ±3%
其他要求	具有消除干扰、采样流量显示等功能

对排放体积分数及速率计算的规定。通过手工监测得到 CO_2 的体积分数后，采用下列公式计算 CO_2 的质量浓度（g/m^3）：

$$\rho = 19.6 \times \omega \qquad （11-8）$$

式中，ρ —— 标准状态下干排气中 CO_2 的质量浓度，g/m^3；

ω —— 仪器测量的废气中 CO_2 的体积分数，%。

CO_2 的排放速率（kg/h）计算公式如下：

$$G = \rho \times Q_{sn} \times 10^{-3} \qquad （11-9）$$

式中，G —— CO_2 的排放速率，kg/h；

ρ —— 标准状态下干排气中 CO_2 的质量浓度，g/m^3；

Q_{sn} —— 标准状态下干排气的流量，m^3/h。

对结果表示的规定。体积分数的结果表示：当 CO_2 的体积分数小于 1.00% 时，结果保留到小数点后 2 位；当 CO_2 的体积分数大于或等于 1.00% 时，结果保留 3 位有效数字。质量浓度的结果表示：当 CO_2 的质量浓度小于 $10.0g/m^3$ 时，结果保留到小数点后 1 位；当 CO_2 的质量浓度大于或等于 $10.0g/m^3$ 时，结果保留 3 位有效数字。

11.1.5.2 技术水平

火电厂在线监测 CO_2 技术与在线监测气态污染物技术类似，其监测过程主要包括取样、测量和数据分析与处理等环节。

（1）取样方法

目前，气态污染物连续监测按取样方式通常可分为两类：原位法（现场采样法）和抽取式采样法。其中，抽取式采样法又分为稀释采样法和完全（直接）抽取法。CO_2 连续监测采样大多采用抽取法。不同采样方式划分见图 11-2。

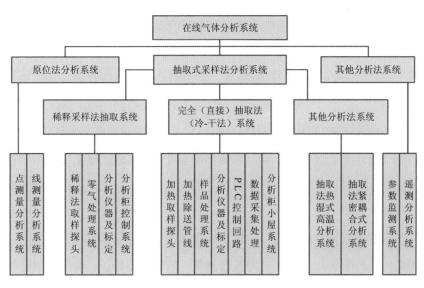

图 11-2　不同采样方式划分

1）原位法。原位法又称在线式或横跨烟道式方法，将光学仪器直接安装在烟道（或烟囱）中完成分析，既没有采样处理装置也没有采样管线，因无须取样，曾一度流行。该方法的优点是可原位安装，能够实现多组分同时测量；其缺点是探头易堵塞，镜片易污染，测定时易受烟气温度限制和水分干扰，不能在线标定，抗震动效果差，不易安装维护。原位法原理示意图见图 11-3。

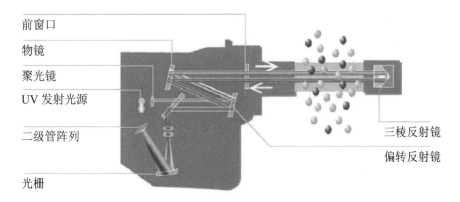

图 11-3　原位法原理示意图

2）稀释采样法。稀释采样法是将除尘后的烟气用大量的干燥纯净空气（零气）按一定比例稀释（100～250倍），待样气露点温度远低于室温（一般达到-30℃以下），再送至微量分析仪进行分析，将分析结果乘以稀释比即得到检测值。其中，"零气"通过零气发生器制备，方法是把空气中的 SO_2、NO_x、CO、CO_2 和水蒸气等除掉。该方法的主要优点是：样气经大比例稀释后降低了烟气露点，保证传输管道不会出现结露和堵管现象，防止烟气中的水汽凝结造成溶解性污染物成分损失；避免了因酸性凝结水腐蚀管道引起的故障，提高了系统运行的可靠性；烟气抽取量小（典型值为 50 mL/min），延长了过滤器使用寿命，仪器维护量小；不需要烟气预处理装置，简化了操作环节；适用于各种场合。该方法的主要缺点是：样气中未除去水分，为湿法测量，结果需要修正；需用微量分析仪测量，精度和灵敏度要求高，会增大误差；需要空气净化装置，增加了成本及维护量；装置价格较高。稀释采样法结构和原理示意图分别见图 11-4 和图 11-5。

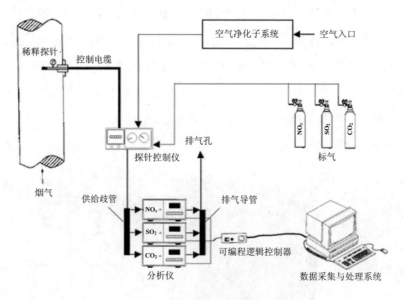

图 11-4　稀释采样法结构示意图

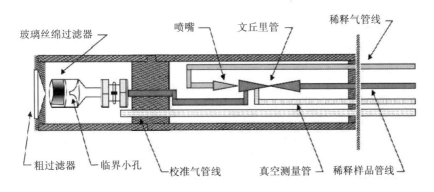

图 11-5　稀释采样法原理示意图

3）完全抽取法。完全抽取法是通过加热管对抽取的已除尘烟气保温，保持烟气不结露，输送至干预室除湿后得到样气，然后送至分析单元，分析气态污染物浓度。该方法的主要优点是：样气中去除了水分，为干气测量，不需要修正；用常量分析仪测量，精度可靠；无须稀释，运行维护成本低；可实现多种污染物同时测量，设备成本低。该方法的主要缺点是：烟气需要电（或气）伴热；需要采样泵和预处理装置。根据预处理方式不同，完全抽取法又分为"冷-干法"和"热-湿法"。

"冷-干法"技术特点是将烟气进行除尘和冷凝除水，然后送入分析仪器测量，测量值为干基值。该技术的优点是：测量值不需要修正，可实现多组分同时测量；缺点是探头易堵塞，结构复杂，运动部件多，维护量大，分析仪器对预处理（除尘、除水）要求较高，低浓度测量时由于存在水溶性会影响测量精准度。该采样方法多结合非分散红外（NDIR）分析技术（图 11-6）。

"热-湿法"技术特点是将烟气在全热状态下经除尘后送入分析仪表，测量值为湿基值，同时系统需要监测烟气湿度，从而换算为干基值。该技术的优点是全程伴热，无须除水，预处理简单，无运动部件，可完全反映烟气真实情况，水分、少量粉尘对测量精度影响小，低浓度状态下更加精准；缺点是高温对部件长期可靠性要求较高（图 11-7）。

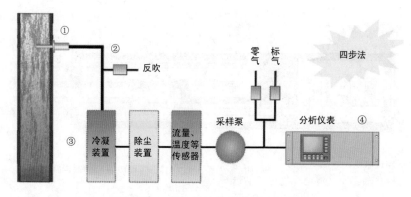

图 11-6 "冷-干法"技术原理示意图

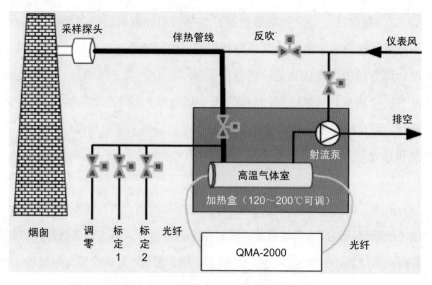

图 11-7 "热-湿法"技术原理示意图

（2）测量方法

1）光腔衰荡光谱法（CRDS）。CRDS 精度高，世界气象组织的 GAW（全球大气监测计划）监测网、全世界范围内的温室气体背景监测网都在使用此技术。

CRDS 是一种激光吸收光谱，利用气态分子独特的红外吸收光谱来量化浓度，遵从朗伯比尔定律，是一种基于时间测量的技术。CRDS 通常将脉冲激光光源共轴射入具有待测气体的光学谐振腔内，激光被高反射率镜片来回反射，光子的平均寿命（激光具有的能量）在反射时会逐渐被 CO_2 等吸光物质损耗，呈现 e 指数衰减的形式。通过测量光强衰减为之前强度的 1/e 所需要的时间（衰荡时间），可以计算腔内 CO_2 等吸光物质的浓度。

在光腔衰荡光谱中，测量的是时间，衰荡时间并不是取决于激光的强度，因此激光强度的波动不会影响测量的准确性，这一特性决定了光腔衰荡光谱技术具备了高精度、高响应速度等优点。

2）离轴积分腔输出光谱技术（OA-ICOS）。OA-ICOS 与 CRDS 的相同点是都采用了光学谐振腔，使得激光可以在光学谐振腔内多次反射来增加有效吸收光程。而不同点是 CRDS 是根据脉冲激光的衰荡时间来扫描吸收光谱信号图，信号图是离散的。而 OA-ICOS 采用的是连续激光光源，测量得到的吸收光谱信号是连续完整的，理论上讲 OA-ICOS 的测量速度要快于 CRDS，但由于采用的是离轴入射，理论上有效吸收光程为 CRDS 的一半。OA-ICOS 的精度也很高，在世界气象组织、欧盟的一些温室气体监测网络中被广泛使用。

3）傅里叶变换红外吸收光谱法（FTIR）。FTIR 是由红外光源发出的连续红外光束进入干涉仪，经干涉仪调整后得到连续红外光束。多数气态物质在中红外区（2.5~25 μm）都会吸收光谱，不同的气体组分吸收不同的光谱，干涉光在通过样品气后获得带有光谱信息的干涉信号，被检测器捕获，经过傅里叶变换计算和数据处理后，得到标准红外吸收光谱图，根据吸收峰位置定性分析物质组分，通过朗伯比尔定律定量分析组分浓度。

4）气相色谱法（GC-FID）。色谱法的精度水平也很高，但时间分辨率不如光谱法。色谱法是一种被广泛应用的多组分样品测试方法。待测气体通过色谱柱时，由于各个组分在固定相和流动相中的流速不同而产生差速迁移，从而分离待测气体中的各个组分，使其先后依次进入检测装置。不同的检测装置可以测量不同的组分，CO_2 的测量是通过氢火焰离子化检测器（FID）实现的。当 CO_2 进入 FID 后，在 H_2 的作用下被还原成 CH_4，CH_4 被电子检测器捕获为电信号，依据电流大小，通过积分得到浓度结果。能够看出，由于需要通过色谱柱的"分离"作用得到待测气体组分，即需要"抽取样品—分析样品"的过程，导致色谱法无法实现"实时测量",也就是在时间分辨率上较差。

5)非分散红外吸收法（NDIR）。NDIR 是一种光学测量方法，精度范围中等，多用于污染源监测。利用 CO_2 气体选择性吸收 4.26 μm 波长红外辐射，在一定浓度范围内，吸收值与 CO_2 的浓度遵循朗伯比尔定律，根据吸收值确定样品中 CO_2 的浓度。

非分散红外吸收性气体分析仪一般由红外辐射源、测量气室、波长选择装置（滤光片）、红外探测装置等组成（图 11-8）。如果气体的吸收光谱在入射光谱范围内，那么红外辐射透过被测气体后，在相应波长处会发生能量的衰减，未被吸收的辐射被探头测出，通过测量该谱线能量的衰减量来得知被测气体浓度。

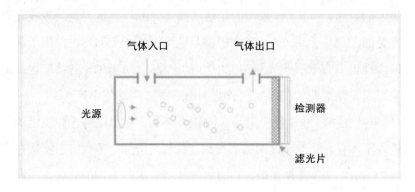

图 11-8　非分散红外吸收法原理示意图

除以上介绍的方法外，还有光声红外光谱法（PAS）、可调谐半导体激光吸收光谱法（TDLAS）、滤波法等。由于大气中 CO_2 的浓度较低，现阶段多数方法集中于高精度 CO_2 的检测，上述测量方法直接用于固定污染源的检测，在方法上虽然可行，但是成本较高，仍需要开发低成本、高精度、适用于固定污染源 CEMS 的多种检测方法。

（3）烟气参数分析技术

1）排气流速、流量的测定。目前，适用于烟气流速及流量测量的方式主要包括皮托管、热式流量计和超声波流量计。其中，皮托管是通过测量某个点的动压和静压差来计算流速；热式流量计是通过流动中的流体与热源之间热量交换关系来测量流量；超声波流量计是通过超声波顺流和逆流传播的时间差来测流速。

①压差传感法。利用压差传感器、皮托管等测出烟气的动压和静压，烟气的流速与动压的平方根成正比，根据测出的某测点处的动压、静压及温度等参数，由式（11-10）计算出烟气流速。

$$V_s = K_p \sqrt{\frac{2P_d}{\rho_s}} = 128.9 K_p \sqrt{\frac{(273+t_s)P_d}{M_s(B_a+P_s)}} \qquad (11\text{-}10)$$

式中，V_s——湿排气的气体流速，m/s；

B_a——大气压力，Pa；

K_p——皮托管修正系数；

P_d——排气动压，Pa；

P_s——排气静压，Pa；

ρ_s——湿排气的密度，kg/m^3；

M_s——湿排气的分子量，g/mol；

t_s——排气温度，℃。

根据烟气流速，标准状态下干排气流量按式（11-11）计算。

$$Q_{sn} = 3\,600 \times F \times V_s \times \frac{B_a+P_s}{101\,325} \times \frac{273}{273+t_s}(1-X_{sw}) \qquad (11\text{-}11)$$

式中，Q_{sn}——工况下干排气流量，Nm^3/h；

F——测定断面面积，m^2；

V_s——测定断面湿排气平均流速，m/s；

B_a——大气压力，Pa；

P_s——排气静压，Pa；

t_s——排气温度，℃；

X_{sw}——排气中水分含量体积百分数，%。

②热传感法。烟气通过热传感器时，带走的热量与烟气流速和热传感器的电阻值变化呈比例，通过测量热传感器的电阻值变化可求得烟气流速。

③超声波法。当超声波顺着烟气流向和逆着烟气流向通过已知距离的两个点时，其传输时间不同，连续测定传输时间差可实现烟气流速的监测。当烟道长度小于 6 倍当量直径时，超声波法可取得较准确的测量结果。

2）含氧量。氧气测量法大致分为三种：一是氧化锆法，利用 ZrO_2 在高温（600℃）时的电解催化作用，形成烟气一侧的电极和与含有 O_2 的参考气体（通常为空气）接触的参考电极产生电位的不同，从而测量出烟气中氧的浓度。氧化锆一般在"热-湿法"系统中使用，其测量值为湿基氧的浓度。二是热磁式氧分析仪法，氧受磁场吸引的顺磁性比其他气体强许多，当顺磁性气体在不均匀磁场中，且具有温度梯度时，就会形成气体对流，这种现象称为热磁对流，或称为磁风。磁风的强弱取决于混合气体中含氧量多少。通过把混合气体中氧含量的变化转换成热磁对流的变化，再转换成电阻的变化，测量电阻的变化，就可得到氧的百分含量。一般在"冷-干法"系统中使用，其测量值为干基氧的浓度。三是电化学法，被测气体中的氧气通过传感器半透膜充分扩散进入铅镍合金-空气电池内。经电化学反应产生电能，其电流大小遵循法拉第定律与参加反应的氧原子摩尔数成正比，放电形成的电流经过负载形成电压，测量负载上的电压大小得到氧含量数值。一般在"冷-干法"系统中使用。

3）湿度（含水量）。湿度在线测量主要有干湿氧法和阻容法。其中，干湿氧法通过氧化锆检测器测定烟道的湿氧含量，同时通过烟气分析仪中内置的氧传感器测定脱水后的干氧含量，根据标准换算方法可得到烟气湿度；阻容法依据烟气中含水量的变化与阻容法的电阻和电容值变化间的函数关系，直接测量烟气中的含水量。

11.1.5.3　技术应用

（1）应用情况

根据国家环保监管要求，全国所有火电企业都已安装了烟气自动监测系统（CEMS），主要针对污染物、烟气参数等实现在线监测。同时，由于各种原因（如测试试验、专题研究、合并采购 CEMS 设备等），部分火电企业也安装了直接监测 CO_2 排放的 CEMS 装置（或模块）。据不完全统计，国内安装 CO_2 在线监测系统的火电厂有十余家（表 11-10）。

表 11-10　国内安装 CO_2 在线监测系统的部分火电厂

序号	电厂名称
1	国电吉林江南热电有限公司
2	江苏阚山发电有限公司
3	淮沪煤电公司田集发电厂
4	淮沪煤电公司田集发电厂二期
5	广东珠海金湾发电有限公司
6	茂名臻能热电有限公司
7	天津国投津能发电有限公司
8	张家港沙洲电力有限公司
9	广州珠江电厂
10	宁夏国华宁东发电有限公司
11	浙江国华浙能发电有限公司
12	海南省国能乐东电厂
13	华能杨柳青电厂

《火电厂大气污染物排放标准》（GB 13223—1996）首次从标准层面对火电厂提出了安装 CEMS 的强制性要求，经两次修订后，进一步完善了对火电厂安装 CEMS 的要求。根据《污染源自动监控管理办法》《建设项目环境保护管理条例》等相关规定，未按规定安装 CEMS 的电厂将受到环保主管部门的处罚（如

停产等）。

安装方面，燃煤电厂基本都安装了 CEMS，每台机组至少安装了一套 CEMS（包括颗粒物 CEMS 和气态污染物 CEMS），但也有极少数燃煤电厂存在多台机组共用一套 CEMS 的情况（多为小容量机组）。现行技术规范 HJ 75、HJ 76 及其规范性引用文件对燃煤电厂颗粒物、气态污染物 CEMS 和烟气参数 CEMS 的安装要求和测定位置有严格规定，绝大多数煤电 CEMS 安装符合技术规范要求；安装部位主要在烟囱入口混合烟道直管段；按照技术规范及管理办法等相关要求，所有燃煤电厂的 CEMS 都需要经过环保监管部门或其委托机构进行技术验收，经验收合格后的 CEMS 在有效期内监测的数据为有效数据。

运维方面，国内燃煤电厂基本能够按技术规范要求开展日常巡检、维护保养、校准及校验等，但也存在如监测仪器故障、维护人员水平不足、第三方运维响应慢、资金压力大等主要问题，其中 CEMS 部件更换是运维成本中的主要支出。根据《污染源自动监控管理办法》，火电厂 CEMS 经过验收合格后，其监测数据为法定监测数据，可作为核定污染物排放种类、数量、进行排污申报核定、排污许可证发放、总量控制、环境统计、排污费征收和现场环境执法等环境监督管理的依据。燃煤电厂的 CEMS 基本已与监管部门联网并可实现有效传输。

（2）测量误差分析

1）数据的代表性。

测量数据的代表性是指 CEMS 的测量数据能够真实地代表被测量污染物或温室气体的实时排放浓度和排放总量，也就是 CEMS 的测量数据应能真实反映污染物或温室气体排放的实际情况，具有测量真实性。影响 CEMS 测量数据代表性的因素很多，包括选择的取样点、安装位置、分析系统类型、分析方法及被测烟气的工况条件、环境条件等。其中，影响被测烟气测量数据代表性的最重要因素是取样点的位置选择。

被测烟气的取样管道及取样点位置的选择要求是：取样点的烟气组分能真实反映工艺过程中烟气被测组分的变化，被测管道内的流场比较稳定、浓度分布比较均匀，反应比较灵敏等，这样的取样点的取样分析才具有代表性。正确选择

CEMS各测量子系统的取样管道及取样点位置是保证CEMS各个监测子系统的测量数据具有代表性的首要因素。气体污染物监测系统的取样点通常应选择在直管段，被测烟气背景组分的干扰物尽量少，取样点位置前后的被测管道内不应有影响气体流场变化的阻挡物，直管段的长度应符合有关技术规范的要求等；测点的选择还应考虑到安装环境条件、维护检修方便，及附近留有比对监测的取样点位置等。在实际运行中，有不少由于测点位置选择不当，影响测量数据的代表性情况。

2）数据的有效性和准确性。

确保CEMS测量数据有效性和准确性的先决条件是系统运行要符合相关技术规范，按照质量计划进行运行控制，并通过环境监测部门的监测验收。根据相关政策要求，CEMS测量数据有效性、准确性应符合HJ 75及HJ 76标准规定。

测量数据的有效性是指CEMS测量有效以保证上报数据的有效性。标准规定运行中出现失控期间所获得的数据是无效数据，无效数据为缺失数据。

测量数据的准确性是指CEMS的测量数据与排放的"实际浓度"的接近程度；通常是通过系统定期校准实现。按照HJ 76标准规定，CEMS采用标准气校准，或采用比对仪器或参比测量法校准，以确保测量数据的准确性。

引起测量数据有效性和准确性不足的原因很多，最主要的原因是样品取样处理系统及在线分析仪器的故障，如取样探头堵塞、采样管路泄漏、排水不畅、参考标准被污染、分析仪的量程选择不当等。

从国外的很多案例分析可知，火电厂烟气测点多选择在烟囱80 m高处，此测点处的气态污染物混合均匀，流场稳定，其测量数据的代表性较好，测量数据的误差也较小。

3）分析仪对误差的影响。

气态污染物或温室气体在线监测所用分析仪的原理主要有吸收光谱法（NDIR、DOAS）、发射光谱法（紫外荧光、化学发光）等。其中，NDIR在测量原理上会受水汽的干扰，因此NDIR法对预处理系统的要求高，必须通过除湿减少水汽带来的误差。分析仪表的量程必须合理，通常气态污染物或温室气体的浓度应在所选仪表量程的 30%～60%，不能低于 20%；在线性保证的情况下才能保证测量的准确，否则由于分析仪器自身的线性误差，会传递到气态污染物浓度测量的误差中。

4）运维对误差的影响。

校准用的标准气体应符合标准物质要求，并在保质期内使用。标准气的零气不得含有被测物质，零气中含有的背景气浓度不得对测量组分产生干扰。

烟气在线分析仪有 80%以上采用非分散红外技术，其中微量红外气体分析仪分析时易受背景气体中的水分干扰，样品气除湿处理要尽可能降低含水量，以满足微量红外气体分析仪检测要求。标准气是一种标准物质，其不确定度要求应不超过±2%。

CEMS 采用标准气校准，或采用比对仪器或参比测量法校准，以确保测量数据的准确性。

气态污染物 CEMS 的校准方式一般分为标准气校准和仪器比对或参比测量法校准。其中标准气校准又分为仪器直接校准与系统校准。仪器直接校准是指将标准气直接通入分析仪入口，只对分析仪进行零点与量程校准。系统校准是指从取样探头入口通入标准气进行系统校准；在烟气取样处理过程中可能存在对样气的吸附及吸收等，采用系统校准标准气与样品气通过同一套流路，其系统影响误差可以消除，从而可减少比对检测等产生的系统校准误差。

仪器比对或参比测量法校准主要是利用手工监测方法与 CEMS 在同一时间段进行样品的采集和分析，对比二者数值的差异，通常认为经过溯源的手工监测方法得到的浓度为真实值，排除人为误差影响后与 CEMS 进行比对校准。

5）烟气流速测量子系统的误差分析。

烟气流速仪常用的测量法主要有压差法、热传感法、超声波法等，流速的在线监测方式分为点、线、面测量三种方式。常用的压差法流速测量主要有 S 形皮托管法及平均压差的均速管法，皮托管烟气流速仪的测量误差较大，仅适用于烟气流速大于 5 m/s 的场合。热传感式质量流速仪适用于烟气的低流速测量，测量误差较小，价格适中。超声波流速仪适用于低流速测量，测量精度相对较高，但价格较贵。S 形皮托管法及热传感法是点测量,超声波法是线测量。点测量与线测量方式均不能有效地代表烟道或烟囱断面的实际烟气流速。测量时需采用参比方法测定断面烟气平均流速和同时段烟气流速仪所测定断面某个固定点或测定线上的烟气平均流速,计算出速度场系数,通过速度场系数将点或线上的流速测量值折算到断面的烟气流速平均值。

11.2　配额分配

CO_2 排放配额是指以电力生产(含热电联产)为主营业务的企业法人(或视同法人的独立核算单位)拥有的机组产生的 CO_2 排放限额,包括化石燃料燃烧产生的 CO_2 排放和净购入电力所产生的间接 CO_2 排放两部分。

本节对《2019—2020 年全国碳排放权交易配额总量设定与分配实施方案(发电行业)》进行说明。该实施方案提出两份配额分配技术指南,分别为燃煤机组配额分配技术指南和燃气机组配额分配技术指南。方案对不同类别的机组设定相应碳排放基准值,按机组类别进行配额分配。

纳入 2019—2020 年配额管理的发电机组包括 300 MW 等级以上常规燃煤机组,300 MW 等级及以下常规燃煤机组,燃煤矸石、煤泥、水煤浆等非常规燃煤机组(含燃煤循环流化床机组)和燃气机组四个类别。2019—2020 年各类别机组碳排放基准值见表 11-11。

表 11-11　2019—2020 年各类别机组碳排放基准值

机组类别	机组类别	供电基准值/ [tCO_2/(MW·h)]	供热基准值/ (tCO_2/GJ)
I	300 MW 等级以上常规燃煤机组	0.877	0.126
II	300 MW 等级及以下常规燃煤机组	0.979	0.126
III	燃煤矸石、煤泥、水煤浆等非常规燃煤机组(含燃煤循环流化床机组)	1.146	0.126
IV	燃气机组	0.392	0.059

实施方案中的机组包括纯凝发电机组和热电联产机组，自备电厂参照执行，不具备发电能力的纯供热设施不在本方案范围内。对于使用非自产可燃性气体等燃料（包括完整履约年度内混烧自产二次能源热量占比不超过 10%的情况）生产电力（包括热电联产）的机组、完整履约年度内掺烧生物质（含垃圾、污泥等）热量年均占比不超过 10%的生产电力（包括热电联产）机组，其机组类别按照主要燃料确定。对于纯生物质发电机组、特殊燃料发电机组、仅使用自产资源发电机组、满足方案要求的掺烧发电机组以及其他特殊发电机组暂不纳入 2019—2020 年配额管理。纳入配额管理的机组判定标准见表 11-12，暂不纳入配额管理的机组判定标准见表 11-13。

表 11-12　纳入配额管理的机组判定标准

机组类别	判定标准
300 MW 等级以上常规燃煤机组	以烟煤、褐煤、无烟煤等常规电煤为主体燃料且额定功率不低于 400 MW 的发电机组
300 MW 等级及以下常规燃煤机组	以烟煤、褐煤、无烟煤等常规电煤为主体燃料且额定功率低于 400 MW 的发电机组
燃煤矸石、煤泥、水煤浆等非常规燃煤机组（含燃煤循环流化床机组）	以煤矸石、煤泥、水煤浆等非常规电煤为主体燃料（完整履约年度内，非常规燃料热量年均占比应超过 50%）的发电机组（含燃煤循环流化床机组）
燃气机组	以天然气为主体燃料（完整履约年度内，其他掺烧燃料热量年均占比不超过 10%）的发电机组

注：1. 合并填报机组按照最不利原则判定机组类别。

　　2. 完整履约年度内，掺烧生物质（含垃圾、污泥等）热量年均占比不超过 10%的化石燃料机组，按照主体燃料判定机组类别。

　　3. 完整履约年度内，混烧化石燃料（包括混烧自产二次能源热量年均占比不超过 10%）的发电机组，按照主体燃料判定机组类别。

表 11-13　暂不纳入配额管理的机组判定标准

机组类别	判定标准
纯生物质发电机组	纯生物质发电机组（含垃圾、污泥焚烧发电机组）
掺烧发电机组	生物质掺烧化石燃料机组：完整履约年度内，掺烧化石燃料且生物质（含垃圾、污泥）燃料热量年均占比高于50%的发电机组（含垃圾、污泥焚烧发电机组）； 化石燃料掺烧生物质（含垃圾、污泥）机组：完整履约年度内，掺烧生物质（含垃圾、污泥等）热量年均占比超过10%且不高于50%的化石燃料机组； 化石燃料掺烧自产二次能源机组：完整履约年度内，混烧自产二次能源热量年均占比超过10%的化石燃料燃烧发电机组
特殊燃料发电机组	仅使用煤层气（煤矿瓦斯）、兰炭尾气、炭黑尾气、焦炉煤气（荒煤气）、高炉煤气、转炉煤气、石油伴生气、油页岩、油砂、可燃冰等特殊化石燃料的发电机组
使用自产资源发电机组	仅使用自产废气、尾气、煤气的发电机组
其他特殊发电机组	燃煤锅炉改造形成的燃气机组（直接改为燃气轮机的情形除外）；燃油机组、整体煤气化联合循环发电（IGCC）机组、内燃机组

11.2.1　常规燃煤机组配额分配

11.2.1.1　配额计算方法

燃煤机组的 CO_2 排放配额计算公式如下：

$$A = A_e + A_h \tag{11-12}$$

式中，A —— 机组 CO_2 配额总量，tCO_2；

　　A_e —— 机组供电 CO_2 配额量，tCO_2；

　　A_h —— 机组供热 CO_2 配额量，tCO_2。

其中，机组供电 CO_2 配额计算方法为

$$A_e = Q_e \times B_e \times F_1 \times F_r \times F_f \tag{11-13}$$

式中，Q_e —— 机组供电量，$MW \cdot h$；

B_e——机组所属类别的供电基准值，$tCO_2/$（MW·h）；

F_l——机组冷却方式修正系数，如果凝汽器的冷却方式是水冷，则机组冷却方式修正系数为 1，如果凝汽器的冷却方式是空冷，则机组冷却方式修正系数为 1.05；

F_r——机组供热量修正系数，燃煤机组供热量修正系数为 1−0.22×供热比；

F_f——机组负荷（出力）系数修正系数。

参考《常规燃煤发电机组单位产品能源消耗限额》（GB 21258—2017）做法，常规燃煤纯凝发电机组负荷（出力）系数修正系数按照表 11-14 选取，其他类别机组负荷（出力）系数修正系数为 1。

表 11-14　常规燃煤纯凝发电机组负荷（出力）系数修正系数

统计期机组负荷（出力）系数	修正系数
$F \geqslant 85\%$	1.0
$80\% \leqslant F < 85\%$	$1+0.001\,4\times(85-100F)$
$75\% \leqslant F < 80\%$	$1.007+0.001\,6\times(80-100F)$
$F < 75\%$	$1.015^{(16-20F)}$

注：F 为机组负荷（出力）系数，单位为%。

机组供热 CO_2 配额计算方法为

$$A_h = Q_h \times B_h \qquad (11\text{-}14)$$

式中，Q_h——机组供热量，GJ；

B_h——机组所属类别的供热基准值，tCO_2/GJ。

11.2.1.2　配额预分配

对于纯凝发电机组：

第一步：核实 2018 年度机组凝汽器的冷却方式（空冷还是水冷）、负荷系数和 2018 年供电量（MW·h）数据。

第二步：按机组 2018 年度供电量的 70%，乘以机组所属类别的供电基准值、冷却方式修正系数、供热量修正系数（实际取值为 1）和负荷系数修正系数，计算得到机组供电预分配的配额量。

对于热电联产机组：

第一步：核实 2018 年度机组凝汽器的冷却方式（空冷还是水冷）和 2018 年的供热比、供电量（MW·h）、供热量（GJ）数据。

第二步：按机组 2018 年度供电量的 70%，乘以机组所属类别的供电基准值、冷却方式修正系数、供热量修正系数和负荷系数修正系数（实际取值为 1），计算得到机组供电预分配的配额量。

第三步：按机组 2018 年度供热量的 70%，乘以机组所属类别供热基准值，计算得到机组供热预分配的配额量。

第四步：将第二步和第三步的计算结果加总，得到机组预分配的配额量。

11.2.1.3 配额核定

对于纯凝发电机组：

第一步：核实 2019—2020 年机组凝汽器的冷却方式（空冷还是水冷）、负荷系数和 2019—2020 年实际供电量（MW·h）数据。

第二步：按机组 2019 年的实际供电量，乘以机组所属类别的供电基准值、冷却方式修正系数、供热量修正系数（实际取值为 1）和负荷系数修正系数，核定机组配额量。

第三步：最终核定的配额量与预分配的配额量不一致的，以最终核定的配额量为准，多退少补。

对于热电联产机组：

第一步：核实机组 2019—2020 年凝汽器的冷却方式（空冷还是水冷）和 2019—2020 年实际的供热比、供电量（MW·h）、供热量（GJ）数据。

第二步：按机组 2019—2020 年的实际供电量，乘以机组所属类别的供电基准值、冷却方式修正系数和供热量修正系数，核定机组供电配额量。

第三步：按机组 2019—2020 年的实际供热量，乘以机组所属类别的供热基准值，核定机组供热配额量。

第四步：将第二步和第三步的核定结果加总，得到核定的机组配额量。

第五步：核定的最终配额量与预分配的配额量不一致的，以最终核定的配额量为准，多退少补。

11.2.2　燃气机组配额分配

11.2.2.1　配额计算方法

燃气机组的 CO_2 排放配额计算公式如下：

$$A = A_e + A_h \tag{11-15}$$

式中，A —— 机组 CO_2 配额总量，tCO_2；

A_e —— 机组供电 CO_2 配额量，tCO_2；

A_h —— 机组供热 CO_2 配额量，tCO_2。

其中，机组供电 CO_2 配额计算方法为

$$A_e = Q_e \times B_e \times F_r \tag{11-16}$$

式中，Q_e —— 机组供电量，$MW·h$；

B_e —— 机组所属类别的供电基准值，$tCO_2/（MW·h）$；

F_r —— 机组供热量修正系数，燃气机组供热量修正系数为 $1-0.6×$供热比。

机组供热 CO_2 配额计算方法为

$$A_h = Q_h \times B_h \tag{11-17}$$

式中，Q_h —— 机组供热量，GJ；

B_h —— 机组所属类别的供热基准值，tCO_2/GJ。

11.2.2.2　配额预分配

对于纯凝发电机组：

第一步，核实机组 2018 年度的供电量（$MW·h$）数据。

第二步，按机组 2018 年度供电量的 70%，乘以燃气机组供电基准值、供热量修正系数（实际取值为 1），计算得到机组预分配的配额量。

对于热电联产机组：

第一步：核实机组 2018 年度的供热比、供电量（MW·h）、供热量（GJ）数据。

第二步：按机组 2018 年度供电量的 70%，乘以燃气机组供电基准值、供热量修正系数，计算得到机组供电预分配的配额量。

第三步：按机组 2018 年度供热量的 70%，乘以燃气机组供热基准值，计算出机组供热预分配的配额量。

第四步：将第二步和第三步的计算结果加总，得到机组预分配的配额量。

11.2.2.3　配额核定

对于纯凝发电机组：

第一步：核实机组 2019—2020 年实际的供电量数据。

第二步：按机组实际供电量，乘以燃气机组供电基准值、供热量修正系数（实际取值为 1），核定机组配额量。

第三步：核定的最终配额量与预分配的配额量不一致的，以最终核定的配额量为准，多退少补。

对于热电联产机组：

第一步：核实机组 2019—2020 年的供热比、供电量（MW·h）、供热量（GJ）数据。

第二步：按机组 2019—2020 年实际的供电量，乘以燃气机组供电基准值、供热量修正系数，核定机组供电配额量。

第三步：按机组 2019—2020 年的实际供热量，乘以燃气机组供热基准值，核定机组供热最终配额量。

第四步：将第二步和第三步的计算结果加总，得到机组最终配额量。

第五步：核定的最终配额量与预分配的配额量不一致的，以最终核定的配额量为准，多退少补。

案例一：配额测算案例：常规燃煤热电联产机组配额测算

某企业有 2 台 600 MW 超临界燃煤机组，机组编号为 1# 机组和 2# 机组，冷却方式为空冷，2020 年 3 月 5 日进行第三方核查，4 月 2 日收到核查报告，履约日期为 6 月 20 日。根据核查情况，该企业 2019 年度 1# 机组供电量为 2 745 182 MW·h，供热量为 603 962 GJ，供热比为 2.9%，1# 机组排放量为 2 466 823 tCO_2；2# 机组供电量为 2 971 113 MW·h，供热量为 575 933 GJ，供热比为 2.56%，2# 机组排放量为 2 672 484 tCO_2。为按时完成履约清缴，现需测算该企业 2019 年度配额盈缺情况。

分机组排放量计算：该企业 1# 机组供电排放量为 2 395 285 tCO_2，供热排放量为 71 538 tCO_2，2# 机组供电排放量为 2 604 068 tCO_2，供热排放量为 68 416 tCO_2。

分机组配额量计算：根据配额计算公式，机组配额总量=供电配额+供热配额=供电量×供电基准值×冷却方式修正系数×供热量修正系数×机组负荷（出力）系数修正系数+供热量×供热基准值。计算得出 1# 机组供电配额量=2 745 182×0.877×1.05×（1−0.22×2.9%）×1= 2 511 773（tCO_2）。1# 机组供热配额=603 962×0.126=76 099（tCO_2），1# 机组配额总量= 2 511 773+76 099=2 587 872（tCO_2）。2# 机组供电配额量=2 971 113×0.877×1.05×（1−0.22×2.56%）×1=2 720 541（tCO_2），2# 机组供热配额=575 933×0.126=72 568（tCO_2），2# 机组配额总量=2 720 541+72 568=2 793 109（tCO_2）。

配额盈缺情况：1# 机组配额盈余 121 049 tCO_2，盈余比例 4.91%，2# 机组配额盈余 120 625 tCO_2，盈余比例 4.51%。

案例二：配额测算案例：常规燃煤纯凝发电机组配额测算

某企业有 2 台 330 MW 纯凝发电机组，机组编号为 1# 机组、2# 机组，冷却方式为水冷，2020 年 5 月 6 日进行第三方核查，6 月 10 日收到核查报告，履约日期为 10 月 31 日。根据核查情况，该企业 2019 年度 1# 机组供电量为 597 826 MW·h，负荷率为 76.15%，1# 机组排放量为 618 505 tCO$_2$。2# 机组供电量为 707 300 MW·h，负荷率为 77.32%，2# 机组排放量为 723 837 tCO$_2$。为按时完成履约清缴，现需测算该企业 2019 年度配额盈缺情况。

分机组排放量计算：该企业为纯凝机组，无供热排放量，故 1# 机组排放量为 618 505 tCO$_2$，2# 机组排放量为 723 837 tCO$_2$。

分机组配额量计算：该企业在计算 2019 年度配额时忽略了机组负荷（出力）系数修正系数。建议企业准确掌握纯凝发电机组的配额计算公式。根据配额计算公式，机组总配额=供电量×供电基准值×冷却方式修正系数×供热量修正系数×机组负荷（出力）系数修正系数。计算得出，1# 机组配额量=597 826×0.979×1×1×[1.007+0.001 6×（80−100× 76.15%）]=592 974（tCO$_2$），2# 机组配额量=707 300×0.979×1×1×[1.007+0.001 6×（80−100× 77.32%）]=700 263（tCO$_2$）。

配额盈缺情况：1# 机组配额短缺 25 531 tCO$_2$，短缺比例为 4.13%，2# 机组配额短缺 23 574 tCO$_2$，短缺比例为 3.26%。

11.3 市场交易

11.3.1 账户管理

按照国家政府主管部门及交易机构发布的管理办法、规章制度，发电企业根据自身需求开设相应账户，主要包括全国碳排放数据报送和监管系统账户、全国碳排放权注册登记账户、全国碳排放权交易账户。每个交易主体只能开设一个交易账户，可以根据业务需要申请多个操作员和相应的账户操作权限。开户过程中的注意事项有以下两项。

（1）规范操作

按照相关系统的开户要求，发电企业应按时提交对应资料，确保资料的真实性与完整性，完成开户工作。开户资料中，相应联系人应确保相对稳定，对于账户信息需妥善保存，避免因工作交接造成的账户遗失或其他损失。

（2）设定权限

权限设定应遵循"与管理工作一致、风险隔离"原则。发电企业可按照管理工作流程，设计账户分级管理权限。根据不同的管理模式，设定不同权限。

1）采用集中管控模式的发电集团，应明确账户管理机构和发电企业之间的权利与义务，账户管理机构对账户实施集中管理，具备账户操作全部权限，发电企业应设置专人配合其完成管理工作。

2）采用委托管理模式的发电企业应明确委托方和自身的权利与义务，委托方具有委托事项操作权限，企业内部应设置专人与其对接。

3）采用自行管理模式的发电企业应在企业内部设置专人管理碳交易相关账户。

11.3.2 交易管理

发电企业应根据自身情况建立碳排放权交易管理体系，明确责任与分工，做好分析决策工作，确保按时高效完成交易工作。发电企业应按照自身的碳交易管理办法及批准后的交易方案实施交易。在交易管理中，发电企业应重视以下内容。

（1）交易原则

遵守市场规则原则，严格遵守国家相关政策法规和碳市场规定；资产保值增值原则，通过相关操作实现碳资产保值增值；成本可控原则，尽量降低发电企业碳排放权交易成本和履约成本；风险可控原则，避免企业因不当操作引发政策风险和交易风险等情况的发生；诚实信用原则，碳排放权交易过程中应诚实守信，杜绝企业信息或排放数据造假等违反诚实信用原则的情况。

（2）交易决策流程

发电企业应根据企业自身情况，针对集中管控、委托管理及自行管理不同的交易管理模式选择审批制、备案制等形式的交易决策流程；确定交易决策、审批与执行部门，明确各个机构或部门的工作职责、审批时间节点、审批权限等。

发电企业交易管理决策流程可以参考以下步骤：

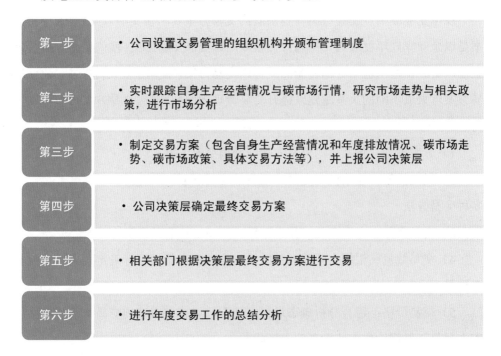

第一步	• 公司设置交易管理的组织机构并颁布管理制度
第二步	• 实时跟踪自身生产经营情况与碳市场行情，研究市场走势与相关政策，进行市场分析
第三步	• 制定交易方案（包含自身生产经营情况和年度排放情况、碳市场走势、碳市场政策、具体交易方法等），并上报公司决策层
第四步	• 公司决策层确定最终交易方案
第五步	• 相关部门根据决策层最终交易方案进行交易
第六步	• 进行年度交易工作的总结分析

（3）市场分析

发电企业碳排放权交易的前期主要工作是碳市场分析，市场分析应包括交易相关数据收集、市场行情跟踪及碳市场调研等工作。市场分析工作可参考以下方式进行。

1）交易相关数据收集：收集企业自身配额、CCER 基本数据，进行相关产业链研究，分析市场内同行业和相关行业的配额情况和 CCER 等抵销机制产品的市场情况，建立并完善相关数据库。

2）市场行情跟踪：每日追踪市场行情，记录相关交易对象的价格，分析价格走势。

3）碳市场调研：定期组织开展相关市场调研，及时了解配额与 CCER 现货市场状况，把握行业相关政策和发展趋势。

4）外部咨询机构：订阅外部专业机构的碳交易价格分析与预测相关信息，全面了解与价格发展趋势相关的各方面信息。

（4）交易方案

发电企业碳资产交易方案应包括履约交易方案和增值交易方案，履约交易方案是以企业完成年度履约工作为目标编制的碳资产交易方案；增值交易方案是以企业碳资产保值增值为目标编制的碳资产交易方案，根据企业实际需求，两种交易方案可采取不同的决策流程以提升交易管理效率和质量。交易方案可参考以下内容。

1）方案类型：包括履约交易方案或增值交易方案。

2）交易类型：包括现货交易、衍生品交易、质押、托管、调期（互换）等多种交易方法。

3）交易产品：主要交易产品为配额、CCER 及地方核证的减排量等。

4）交易数量：根据企业配额盈缺情况及碳资产管理目标确定买入数量或卖出数量。

5）交易价格：综合分析碳市场供需情况，以确定合理的交易价格或价格区间，尽量降低履约成本或提高碳市场收益。

6）交易时间：为了实现自身碳资产保值增值的交易主要集中在非履约期；为了完成履约任务的交易主要集中在履约期；二者会有重叠，但计划交易时间应注意与规定的履约时间节点相协调，以免影响顺利履约。

7）交易方式：分为挂牌协议交易、大宗协议交易和单向竞价，三者的交易过程有所不同，企业可以酌情选择相应的交易方式。挂牌协议交易应每日盯市，每日开市前确定当日交易安排，交易员执行交易。大宗协议交易可通过询价或招投标方式确定交易对手方和交易价格，价格形式可采用固定价或浮动价；发电企业应根据自身风险承受能力和市场形势选择合适的大宗协议交易对手方和价格形式。单向竞价应向交易机构提出卖出或买入申请，等待交易完成；或留意交易机构的竞价公告，在约定时间内通过交易系统报价，完成竞价。

11.3.3　资金管理

资金管理是发电企业进行碳排放权交易过程的重要环节。由于碳资产的交易存在很强的时效性，因此企业需兼顾资金的合法合规使用和资产的保值增值。

（1）资金计划

碳资产交易资金计划应于每年底根据各企业实际情况纳入生产预算及资金计划，资金预算经审批后，由发电控排企业于每年年底编制相应交易资金计划。

根据企业年度碳排放情况，预计超排的企业可测算出超排预计需要支出的费用，预计减排的企业可测算出减排部分收益；企业可根据自身碳资产管理策略，制定相应的资金筹措和使用计划。企业可按月编制碳排放权交易资金计划表，记录碳排放权交易资金变化情况。

（2）资金审批

企业可根据申请交易资金数额大小的情况，按照各企业财务管理制度执行审批程序。

（3）资金出入

企业完成内部资金审批程序，取得碳排放权交易项目资金后，可根据市场资金出入流程进行入金和出金操作。目前，全国统一市场虽还未确定结算模式，但是出入金流程大致相同，可参考如下流程：

入金：第一步，企业完成交易资金内部审批，获得交易资金；第二步，由财务操作员登录网上银行进行入金操作，财务审核员负责审核，完成资金从绑定的企业银行实体账户端向结算银行的汇款；第三步，碳排放权交易员登录碳排放权注册登记账户查看资金到账情况。

出金：第一步，由碳排放权交易员登录碳排放权交易系统进行出金操作；第二步，将交易资金由结算银行转至绑定的企业银行实体账户。

上述出入金操作时间需在交易市场公布的交易时段内进行。由于市场可能存在出入金"$T+1$"制度，在履约期临近结束时，企业应特别关注出入金的日期，避免由于冻结期导致未完成交易，造成未按期履约的情况发生。

11.4 清缴履约

清缴履约是履约期内的重要内容之一，发电企业应高度重视清缴履约工作，按期按量完成履约。

（1）履约计划

根据政府要求的履约时间和持有资产的数量合理计划履约方案。按照可用于履约的产品性质和市场价格，其优先级通常为"可抵销国家核证自愿减排量（CCER）＞上年度结余配额＞当年度发放配额"。

（2）碳资产归集

登录企业交易系统，将符合履约计划的相应碳资产划转至注册登记系统，并最终归集至注册登记系统持仓。划转过程需注意是否存在"$T+n$"制度，避免由于冻结导致未能如期履约的情况发生。

（3）清缴履约

清缴前，企业需在注册登记系统上提前核对企业注册信息、履约排放量和账户内配额存量。清缴时，根据履约要求，选择符合履约要求的相应资产一次性提交履约申请（多次提交可能造成审核失败）。

案例一：企业划转配额至交易系统

某企业 2019 年度履约日期为 8 月 30 日，2020 年 5 月 15 日完成第三方核查，7 月 6 日主管部门下发最终核定配额量 3 967 448 tCO_2，该企业核定排放量为 3 843 768 tCO_2，该企业根据 2019 年度配额分配方案，经测算，该企业 2019 年度配额盈余 123 680 tCO_2。该企业计划将注册登记系统内持

仓配额量的一部分（23 680 tCO$_2$）划转至交易系统，进行配额销售。该企业 7 月 15 日登录注册登记系统，单击"持仓划转管理-登记划交易申请新增"，填写标的物类型、划转数量、划转时间，"划转方向"选择转入。该企业配额转入操作完成后，于 7 月 16 日登录交易系统进行配额销售（$T+1$ 日生效）。

案例二：企业划转配额未考虑"$T+1$"导致未完成履约

某企业 2019 年度配额短缺 5 689 tCO$_2$，履约日期为 2020 年 6 月 30 日，该企业于 6 月 1 日—11 日在交易系统采购配额 5 689 tCO$_2$，于 6 月 30 日进行配额转出操作，登录企业交易系统中"配额管理—转入转出"界面，在"配额登记账户"下拉菜单进行选择，填写"标的物代码、标的物名称"，"划转方向"选择转出，划转数量填写 5 689 tCO$_2$，完成配额转出操作。该企业于 6 月 30 日登录注册登记系统进行履约申请时，发现注册登记并无转入的 5 689 tCO$_2$ 配额，致使其未能如期完成 2019 年度的履约清缴；这是由于在企业进行配额划转操作时，配额的转入/转出需 $T+1$ 日才生效。该企业的这一疏忽最终导致其未能如期完成履约。

（4）最终确认

注册登记系统管理员在确认企业履约申请数量及资产无误后，回复并确认企业完成履约。企业应在注册登记系统中及时关注履约进度，确认履约状态为"完成履约"后，年度履约工作完结。

11.5　碳资产管理

11.5.1　碳资产定义及分类

当碳排放权可以在碳市场中以一定价格进行交易时，就具有了价值属性，成了企业的一种特殊资产——碳资产。

广义的碳资产是指企业通过交易、技术创新或其他行为形成的、由企业拥有或者控制的、预期能给企业带来经济利益的、与碳排放相关的资源。狭义的碳资产是指在强制碳排放权交易机制或者自愿碳排放权交易机制下,产生的可直接或间接影响组织温室气体排放的碳排放配额或抵销量。根据目前的碳资产交易制度,碳资产可以分为配额碳资产和抵销碳资产。已经或即将被纳入碳排放权交易体系的重点排放单位可以免费或通过参与政府拍卖获得配额碳资产;未被纳入碳排放权交易体系的非重点排放单位可以通过自身主动进行温室气体减排,得到政府认可的抵销碳资产;重点排放单位和非重点排放单位均可通过交易获得配额碳资产和抵销碳资产。资产管理的目的在于通过更加有效率的使用该资产为企业创造更大的效益。

11.5.2 碳资产管理

发电企业宜建立专门的碳资产管理机构,统一管理企业的碳资产。碳资产专业管理机构可以协助企业开展排放量核算,合理争取最大配额结余量以维护企业利益,在交易过程中优化配额和抵销碳资产组合,从而协助控排企业实现以最低成本履约,购入碳资产的成本最小化和售出碳资产的收益最大化。

对于大型的发电企业,在碳资产管理方面可采取集中管控模式,在内部成立专业部门或者公司直接管理。对于中小规模的企业,可以委托专业的碳资产管理公司代为管理,也可以自行管理。企业自身要建立低碳管理体系、管理制度、考核标准,与国家低碳政策要求充分对接,加强低碳管理人才培养与能力建设。

相关知识

表 11-15　某集团碳资产公司部门设置和职能

部门	职能
碳资产管理部	作为集团公司对外进行碳排放权交易的窗口，代表集团下属企业在交易所开展二级市场交易；调配集团企业配额、抵销额在集团内部的流动；根据政策和市场动向，分析市场情况，制定合理交易策略，转移履约风险；根据国家政策，对集团企业中有可能进行碳资产开发的低碳项目进行评估和筛选；对有碳资产开发价值的项目进行审定开发；根据市场情况，对已开发的项目定期进行碳资产的核证和签发
碳排放管理部	按照国家碳排放核算与报告技术标准和试点地区要求，进行碳盘查，提供碳排放报告，确保上报数据准确；建立集团公司层面的碳排放数据库，对历史排放进行汇总分析，旨在全国碳市场建立时保证集团下属企业获得充足配额，全国碳市场启动后，管理企业的碳抵销量、节能量等减排数据；为集团企业碳资产交易与风险管理提供基础数据
低碳技术管理部	建立低碳排放技术的相关目录，帮助集团公司下属企业根据节能减排要求和自身特点进行技术选择；论证企业的碳减排空间和支出，根据国内碳市场规则对企业的减排发展进行规划；针对市场中对低碳技术的需求程度，有针对性地对具有优势的减排技术进行合理规划和开发，进而提升产业影响力
财务部	负责碳排放管理公司的日常财务核算，参与公司的经营管理；根据碳排放管理公司的资金运作情况，合理调配资金，确保公司的资金正常运转；对碳资产管理公司经营活动情况、资金动态、营业收入和费用开支进行分析、提出建议并定期向总经理报告
商务合同部	负责与各法人公司的商务合同全过程风险管理（主要是法律风险）；审核合同、监督合同的全面履行；编制单位合同范本，参与重大合同的谈判，提出合规合法建议；对履行完毕的合同整理归档
综合管理部	负责碳排放管理公司的人事、行政、政工、工会以及发展、计划、档案等相关事项，负责碳排放管理公司各项制度及重要工作信息的收集、汇总和上报，各类文件、协议、会议纪要的归档和管理；代表碳排放管理公司与政府主管部门、上级单位或其他法人、社团、业主等进行接洽联系

11.5.3 管理体系

针对我国电力企业集团化的特点，加强碳资产统一管理、建设统一的企业碳资产管理体系是应对全国统一碳市场的必然趋势。企业碳资产管理体系是指以企业整体为管理边界，以统一管理为核心，以专业碳资产管理机构为驱动，构建辐射至各级企业和组织的碳资产管理网络。在不同组织层级设置碳资产管理专业部门（或专岗）与专业公司对接，结合企业生产的具体情况，向项目级层面乃至设备级层面做内部管理延伸，向区域外部参与方，如碳市场管理机构、交易参与方、第三方核查机构等层面做外部管理延伸。建立从生产流程控制、人才队伍建设、组织制度完善、交易过程管理到体系监督考核一系列的完整管理体系。通过对企业碳资产的全生命周期管理，建立科学决策流程，结合企业战略，将碳资产有计划、有步骤、有指向地投入碳排放权交易体系，选择优势策略参与碳市场价格博弈，深度参与碳市场活动，切实开展碳减排行动，承担企业社会责任。

（1）碳排放管理战略

在碳市场中，碳排放管理直接关乎发电企业整体的碳资产平衡、碳履约成本和碳管理效益；更深层次关乎电力体制改革下的电力营销、可再生能源配额制、节能技改以及绿色发展理念和战略的落实等。因此要制定企业碳排放管理专项规划，并以其为切入点，将碳排放管理融入发电企业整体发展战略。

（2）碳排放管理顶层设计

碳排放管理具有集中化管理的需求，特别需要发电企业进行自上而下的统一管理，通过碳排放管理顶层设计，建立"统一规划、统一核算、统一开发、统一交易、统一资产管理"的碳排放管理体系。顶层设计的内容包括组织机构建设、规章制度建设、工作机制建设等。

组织机构建设：建立并完善集团公司本部、分子公司、排放企业三级管理体系，明确主管机构以及参与部门职能，明确总公司、分子公司，以及基层电厂、国家核证自愿减排量项目单位、碳资产管理公司的职能定位和职责划分。

规章制度建设：制定碳排放管理的相关规章、制度和管理办法等。

工作机制建设：明确各项工作流程、程序、标准、规范等。

（3）碳排放大数据的挖掘、分析和运用

碳市场配额分配的基础性数据来自发电企业的排放数据，因此，深入挖掘这些数据，全面分析、深刻总结、发现规律，全面揭示数据背后的问题，可以为发电企业碳排放管理顶层设计提供直接依据；结合排放数据，根据配额分配方法，测算企业在碳市场的配额缺口情况，提早预判形势、采取对策，为企业优化发电结构、节能技改乃至发展战略提出建议。最大限度地保障发电企业在碳市场建立后的履约工作，实现发电企业配额和国家核证自愿减排量交易的效益最大化。同时，研究推动碳资产管理和碳金融创新，充分利用碳资产和碳排放权交易的内在金融化属性，积极探索碳债券、碳质押、碳借贷、碳托管、碳期货等碳金融形式，占领碳市场交易产业链的高端环节，为发电企业碳资产管理创造更高附加值。

（4）碳资产管理信息化平台

碳资产管理信息化平台是企业碳资产的重要信息化管理手段之一。通过建立碳资产管理信息系统，有利于提高企业碳资产管理水平，帮助企业履行社会责任，降低履约成本，实现碳资产价值最大化。

发电集团涉及的碳排放权交易企业数量众多，纳入全国碳市场的火电企业涉及碳排放数据管理、碳资产管理、碳排放权交易管理、减排项目管理等环节，同时企业上级部门还需要碳管理的决策分析支持。虽然依托碳排放数据统计体系可以部分实现上述管理需求，但涉及的信息量巨大，数据来源众多。建设碳资产管理信息化平台，可以满足发电企业全面、高效、准确的碳排放管理需求，对不同地区控排电厂的大量碳排放和碳资产数据进行统计和分析工作，将碳管理贯穿集团的一体化经营模式中，以提升自身的核心竞争力。

（5）能力建设体系和考核体系

碳排放权交易市场机制是机制体制创新，在实践中经不断创新、反复完善才能建立起切实可行、行之有效的碳排放权交易市场机制。因此，作为碳排放权交易市场机制建设和运行的重要参与者，发电企业应持续开展能力建设，并做好人、财、物方面的保障，致力于构建能力建设长效机制，注重提高企业对碳排放权交易和绿色低碳发展的认识,注重提高企业碳排放管理和碳资产管理的能力以及培养专业化队伍,注重为建设全国碳排放权交易体系营造良好的社会环境和氛围,使得发电企业成为碳市场建设的重要贡献者和引领者。

为保证实施效果,发电企业还应建立全面的碳指标考核体系,制定碳排放及管理目标,结合其他相关目标指标,形成集团公司、区域公司、项目公司的层层考核体系,并与企业经营指标挂钩,计入企业绩效考核。

思考题

1. 发电企业的碳排放源主要包括哪些?

2. 发电企业活动数据和相关参数主要包括哪些?

3. 发电企业温室气体排放量核算流程是什么?

4.《2019—2020 年全国碳排放权交易配额总量设定与分配实施方案(发电行业)》考虑了哪些修正系数?为什么?

5. 发电企业如何进行交易管理?如何制定交易方案?

6. 发电企业碳资产管理应关注哪些方面?注重哪些建设?

7. 配额计算应考虑哪三个方面的修正?

12　低碳电力措施

碳排放权交易市场机制之所以能够实现低成本减碳，关键是因为不同企业碳减排成本的差异。电力行业碳减排措施可分为结构减排、工程减排、管理减排。

12.1　结构减排

结构减排有两个方面的含义。一方面，从能源消费结构的角度来看，结构减排是通过提高可再生能源、核能等清洁能源在电源结构中的比重，逐渐替代火电等高碳电源，优化电力结构，降低碳排放；另一方面，大力发展清洁煤发电技术，提高燃煤发电机组效率，降低煤炭转换为电力的燃料用量（降低供电煤耗），从而降低电能的碳排放强度。

（1）调整发电结构

加快发展非化石能源，坚持集中式和分布式并举，大力提升风电、光伏发电规模，加快发展东中部分布式能源，有序发展海上风电，加快西南水电基地建设，安全稳妥推动沿海核电建设，建设一批多能互补的清洁能源基地。合理控制煤电建设规模和发展节奏，推进以电代煤。通过结构调整，降低化石能源发电比重，提高非化石能源发电比重，从而降低碳排放强度。经过多年的发展，中国非化石能源发电（特别是风力发电和太阳能光伏发电）装机容量不断增长，技术水平有了长足进步，装备制造能力大幅度提高。我国正在构建以新能源为主体的新型电力系统，传统电力系统将向新型电力系统转变。

（2）发展清洁煤发电技术

采用先进电力技术提高发电能效，降低 CO_2 排放强度是发展清洁煤发电技术的途经之一，包括热电冷三联供技术、整体煤气化联合循环技术、高效率煤炭发电技术、超临界、超超临界大型高效燃煤机组等。低碳电力技术主要通过提高发电能效降低单位发电量煤耗，间接降低发电的碳排放强度。

不同燃煤机组 CO_2 排放系数，见表 12-1。

表 12-1　不同燃煤机组 CO_2 排放系数

机组类型	单机容量/ 万 kW	电厂效率/%	发电煤耗/ [g/（kW·h）]	CO_2 排放系数/ [g/（kW·h）]
亚临界	30	38	323	878
超临界	60	41～44	300～279	814～759
超超临界	100	48～57	256～216	695～586

数据来源：国网能源研究院计算。

超临界和超超临界燃煤发电技术发展。超临界和超超临界是以锅炉内工质（水）的压力温度为标准划分的，水的临界压力是 22.115 MP，临界温度是 374.15℃，在这个压力和温度时，水和蒸汽的密度相同。锅炉内工质（水）压力低于这个压力就叫亚临界锅炉，大于这个压力就是超临界锅炉，通常炉内蒸汽温度不低于 593℃或蒸汽压力不低于 31 MPa 称为超超临界。燃煤电厂采用超临界或超超临界蒸汽参数的热力循环，可以实现更高的热效率，产出同样的电力，比传统燃煤电厂消耗的燃煤量少，排放的 CO_2 和污染物也相应减少。因此，超临界、超超临界火电机组具有显著的节能减排效果。

整体煤气化联合循环发电（IGCC）技术发展。整体煤气化联合循环发电技术是将煤气化与联合循环发电相结合的一种洁净煤发电技术。IGCC 系统主要由煤的气化与净化部分以及燃气-蒸汽联合循环发电部分组成。煤的气化与净化部分包括的主要设备有气化炉、空分炉、煤气净化装置、硫回收装置等；燃气-蒸汽联合循环发电部分包括的主要设备有燃气轮机发电系统、余热锅炉、蒸汽轮机发电系统。

国内设计院已基本具备整体煤气化联合循环发电工程的总体设计能力。2012 年 12 月 2 日，中国首座 IGCC 电站——华能天津 IGCC 示范电站投产，标志着中国洁净煤发电技术取得了重大突破。华能天津 IGCC 示范工程是中国自主研发、设计、制造、建设和运营的首个 IGCC 电站，是国家洁净煤发电示范工程和"十一五""863 计划"重大课题依托项目，IGCC 技术融合了化工和电力两大专业特点，发电效率高、环保性能好。目前，IGCC 电厂的投资费用比较高，技术尚需进一步完善，与当今已经相当成熟和先进的常规燃煤蒸汽电厂相竞争，仍有很长的一段路要走。

12.2　工程减排

工程减排，即通过碳捕获与封存（CCS）技术减少碳排放。CCS 是通过碳捕获技术，将工业和有关能源产业所生产的二氧化碳分离出来，再通过碳封存手段，将其输送并封存到海底或地下等长期与大气隔绝的地方。常见的封存方式有地质封存（石油和天然气田、煤田、盐碱含水层）和海洋封存。碳捕获、利用与封存（CCUS）技术是 CCS 技术的新发展，即把生产过程中排放的二氧化碳进行提纯，继而投入新的生产过程中循环再利用，而不是简单地封存。与 CCS 相比，CCUS 可以将二氧化碳资源化，能产生经济效益（表 12-2）。

表 12-2　CCUS 技术环节和主要过程

技术环节		主要过程
捕获		将化工、电力、钢铁、水泥等行业利用化石能源过程中产生的二氧化碳进行分离和富集的过程；可分为燃烧后捕获、燃烧前捕获和富氧燃烧捕获
运输		将捕集的二氧化碳运送到利用或封存地的过程，包括陆地或海底管道、船舶、铁路和公路等输送方式
利用与封存	地质利用	将二氧化碳注入地下，生产或强化能源、资源开采的过程，主要用于提高石油、地热、地层深部咸水、铀矿等资源采收率
	化工利用	以化学转化为主要手段，将二氧化碳和共反应物转化成目标产物，实现二氧化碳资源化利用的过程，不包括传统利用二氧化碳生成产品、产品在使用过程中重新释放二氧化碳的化学工业，例如尿素生产等
	生物利用	以生物转化为主要手段，将二氧化碳用于生物质合成，主要产品有食品和饲料、生物肥料、化学品与生物燃料和气肥等
	地质封存	通过工程技术手段将捕集的二氧化碳储存于地质构造中，实现与大气长期隔绝的过程。主要划分为陆上咸水层封存、海底咸水层封存、枯竭油气田封存等

CCS 技术包括二氧化碳的捕获、运输和封存环节，其中二氧化碳捕获主要有燃烧前捕获、燃烧后捕获及富氧燃烧捕获三种技术路线。采用二氧化碳捕获与

存储技术可以减少电厂二氧化碳排放量的 80%～95%，理论减排潜力巨大。但由于二氧化碳化学性质稳定、需回收的量很大，且电力生产过程中二氧化碳一般已被 N_2 稀释，二氧化碳浓度低（一般 15% 以下），使待分离气体的流量很大。量大、浓度低、化学性质稳定等特点使二氧化碳捕获往往伴随着巨大能耗，导致能源利用系统效率大幅下降。在目前的技术水平下，超（超）临界机组如捕获烟气中 90% 的二氧化碳，其系统净效率将由 41%～45% 下降至 30%～35%，效率降低了 10 个百分点以上。

中国在 CCS 技术发展方面开展了大量工作，先后与英国、美国、意大利等国家就 CCS 的研发进行了广泛合作；电力行业积极开展 CCS 示范项目建设，先后投产建成或启动了北京热电厂、中国华能集团上海石洞口第二电厂、中国华能集团天津绿色煤电项目、中电投重庆双槐电厂一期、天津北塘电厂等，这些小型示范装置基本验证了二氧化碳捕获流程的可行性。中国作为火电技术大国，拥有完整的二氧化碳捕获设备与技术储备意义重大，但 CCS 目前的能耗与成本仍较高，尚难以大规模推广应用，因此需要加强对 CCS 技术的科技投入，以期未来实现 CCS 在技术上更成熟，其减排的能耗和经济代价进一步降低。

我国十分重视 CCUS 技术。2016 年，国务院印发的《"十三五"控制温室气体排放工作方案》明确提出："要推进工业领域碳捕获、利用和封存试点示范。"国家发展改革委、生态环境部、科学技术部等部门先后发布 20 多项政策性文件，积极推动 CCUS 技术健康发展。2016 年，环境保护部（现生态环境部）发布《二氧化碳捕集、利用与封存环境风险评估技术指南（试行）》，是发展中国家第一个针对 CCUS 的环境管理规范。我国在 CCUS 技术研发、试验示范和商业化探索方面已开展了大量工作，中国已投运或建设中的 CCUS 示范项目约有 40 个，捕集能力 300 万 t/a[①]。捕集主要集中在煤化工行业，其次为火电行业等。地质利用和封存项目以提高石油采收率为主。中国 CCUS 的捕集技术已经成熟，地质利用和封存方面的若干核心技术也取得了重大突破。二氧化碳驱油提高石油采收率

---

① 蔡博峰，李琦，张贤，等. 中国二氧化碳捕集利用与封存（CCUS）年度报告（2021）——中国 CCUS 路径研究. 生态环境部环境规划院，中国科学院武汉岩土力学研究所，中国 21 世纪议程管理中心，2021.

等已进入商业化应用初期阶段。

华润电力海丰电厂CCUS示范项目

华润电力海丰电厂CCUS示范项目二氧化碳捕集装置于2019年5月正式投产，标志着中国首个也是亚洲第一个基于超临界燃煤电厂的燃烧后碳捕集示范项目建成。项目集测试平台区、二氧化碳储存区、化学实验室以及技术与国际交流中心于一体。

碳捕集技术采用了胺法和膜法两套技术，技术先进但成本较高，亟待进一步优化降低成本。华润电力海丰电厂CCUS项目一期选择胺液吸收和膜分离碳捕集技术作为平台第一批测试的技术，胺液吸收与膜分离单元以并行方式建设，两种方法可以在碳捕集测试平台上同时进行测试。胺法部分的工艺流程主要由吸收和再生两个部分组成，最后可得到99%（干基）纯度的二氧化碳气体，日捕集能力为50 t/d。膜分离法主要依靠膜对烟气中气体分子的选择性和渗透率的不同来分离、提纯二氧化碳，通过三级膜分离，最后可得到95%纯度的二氧化碳气体，每天可捕集16.4 t二氧化碳。

测试优化捕集技术，逐步推进规模化工业应用，但存在捕获后的利用和封存问题，亟须解决二氧化碳的多行业交易、利用与封存减排问题，经济和社会效益有待提高。通过测试平台运行与研发，优化捕集技术，项目一期旨在测试并挑选出最适合华润电力海丰电厂的碳捕集技术，为后续的项目二期（华润海丰电厂百万吨级CCUS示范项目），以及其他大规模碳捕集与封存示范及工业应用项目提供技术支持。碳捕集测试平台成功运行，二氧化碳源已经具备，目前可通过压缩纯化系统加工成食品级液态二氧化碳，但缺乏二氧化碳的后续利用与封存减排过程，缺乏与周边其他企业形成多行业、跨行业协作，在推进规模化减排、提高经济和社会效益方面有待进一步推进。

华润电力海丰电厂具备CCUS技术的硬件设施和软实力，亟须进一步推进利用碳源开展海水微藻养殖以及临近油藏CO$_2$-EOR（二氧化碳驱油提高石油采收率）工业一体化应用。华润电力海丰电厂的CCUS项目已被广东省政府确认为省级CCUS示范项目，已建成碳捕集测试平台、化学实验室以及技术中心，具备二氧化碳捕集、分离、储存及相关实验评价、测试和技术研发能力。华润电子海丰电厂毗邻南海，具有利用二氧化碳进行海水微藻养殖的天然条件，同时与南海北部油田有很好的源汇匹配关系，未来可以进一步考虑利用二氧化碳驱油提高海上油藏采收率以及地质封存减排，建立多种二氧化碳利用与封存减排产业园和示范区，推动CCUS一体化工业应用，为中国化石能源低碳转型提供支持。

12.3 管理减排

管理减排，即通过管理提高能源转化效率以降低对能源的需求，从而在生产相同电能的同时减少化石燃料的消耗与二氧化碳排放。这是一种成本低、思路合理、综合效果好的"一举多得"的减排方式。尽管节能与减排在其实现目标上并非完全一致，但由于中国的电源结构以火电为主，通过实施节能发电调度、燃料运输和储存过程管理、电力生产和电力传输过程的优化管理等，同样有利于从整体上减少电力行业的温室气体排放，目前，在中国电力工业受到高度重视。电力生产中节能通常以提高发电效率为目标，主要体现在对现役机组的优化运行和对现役机组以节能为目标的技术改造等方面。

需要指出的是，随着现役机组技术水平的不断提高，节能减排的潜力空间逐渐缩小，如果电力工业火电装机容量增长很快，虽然节能减排降低了二氧化碳排放强度，但电力工业总的化石能源消耗量与二氧化碳排放总量仍可能快速增长。因此，严格控制新建燃煤电厂是低碳电力发展的重要措施之一。展望未来，燃煤电厂的发展除了解决电网稳定需求、热电联产以及循环经济发展等特定要求外，电量增量部分将尽可能由新能源发电承担。尽管由于中国"富煤、贫油、少气"

的能源资源禀赋决定了在相当长一段时间内，煤电仍是提供电力、电量的主体。但从发展趋势来看，煤电将逐步转变为提供可靠容量与电量的灵活性调节型电源，发挥基础性作用，为低碳电力转型发挥新的作用。

12.4　其他市场减排机制

（1）价税机制

在市场经济中，价格是最有效的调节机制，合理的电价管理机制对改变中国目前电力生产与消费中能耗过高的局面具有举足轻重的作用。低碳财税政策主要是采用价格、财税等手段推动发电行业低碳减排，借助价格的杠杆、调控作用对低碳发电企业给予补贴或优惠，用经济手段激励发电企业减排。

目前，中国已经采取的价税机制主要包括可再生能源电价政策和税收优惠政策。可再生能源电价政策主要包括《可再生能源法》《可再生能源发电价格和费用分摊管理试行办法》《可再生能源电价附加收入调配暂行办法》，还包括近年来发布的规范风电、生物质发电、太阳能发电上网电价的政策等，以及煤电灵活性调节方面的辅助服务补偿政策。

税收优惠政策主要从增值税、企业所得税等方面鼓励、资助和支持发电行业、发电企业积极进行资源综合利用。中国自 2001 年起对属于生物质能源的垃圾发电实行增值税即征即退政策、对风力发电实行增值税减半征收政策；自 2005 年起，对县以下小型水力发电单位生产的电力，可按简易办法依照 6% 征收率计算缴纳增值税；对部分大型水电企业实行增值税退税政策。

（2）发电权交易机制

发电权是电厂在合约市场、日前市场等市场中竞争获得的发电许可份额。在中国目前的发电调度模式下，机组的发电权则是机组获得的由政府下达的年度发电计划。发电权交易是指各发电厂按照一定的规则对发电权进行交易。发电权交易的基本原则是通过发电厂之间的"自调整"，把不同类型和运行状态的机组优化组合，以效率优先为原则，动态调整发电状态，提高发电厂之间的发电相互补偿效益，实现发电厂合作的"双赢"。

发电权交易实际上就是计划合同电量的有偿出让和买入。交易双方在平等自愿的原则下，在不影响电力消费者利益的前提下，采取双边交易或集中交易的方式完成电量指标的买卖。通过发电权交易，引导鼓励和促使发电成本高的机组将其计划合同电量的部分或全部出售给发电成本低的机组替代其发电，从而优化电源结构，达到节能减排的目的。中国目前开展的发电权交易部分是以政府计划方式开展的。随着碳排放权交易机制的实施和电力市场的持续推进，发电权交易方法应当调整。

附 录

Carbon

TANPAIFANG QUAN
JIAOYI PEIXUN JIAOCAI

附录 1　全国碳排放权交易市场相关文件

《碳排放权交易管理办法（试行）》

（生态环境部令　第 19 号）

《碳排放权交易管理办法（试行）》已于 2020 年 12 月 25 日由生态环境部部务会议审议通过，现予公布，自 2021 年 2 月 1 日起施行。

生态环境部部长　黄润秋

2020 年 12 月 31 日

碳排放权交易管理办法
（试行）

第一章　总　则

第一条　为落实党中央、国务院关于建设全国碳排放权交易市场的决策部署，在应对气候变化和促进绿色低碳发展中充分发挥市场机制作用，推动温室气体减排，规范全国碳排放权交易及相关活动，根据国家有关温室气体排放控制的要求，制定本办法。

第二条　本办法适用于全国碳排放权交易及相关活动，包括碳排放配额分配和清缴，碳排放权登记、交易、结算，温室气体排放报告与核查等活动，以及对前述活动的监督管理。

第三条 全国碳排放权交易及相关活动应当坚持市场导向、循序渐进、公平公开和诚实守信的原则。

第四条 生态环境部按照国家有关规定建设全国碳排放权交易市场。

全国碳排放权交易市场覆盖的温室气体种类和行业范围，由生态环境部拟订，按程序报批后实施，并向社会公开。

第五条 生态环境部按照国家有关规定，组织建立全国碳排放权注册登记机构和全国碳排放权交易机构，组织建设全国碳排放权注册登记系统和全国碳排放权交易系统。

全国碳排放权注册登记机构通过全国碳排放权注册登记系统，记录碳排放配额的持有、变更、清缴、注销等信息，并提供结算服务。全国碳排放权注册登记系统记录的信息是判断碳排放配额归属的最终依据。

全国碳排放权交易机构负责组织开展全国碳排放权集中统一交易。

全国碳排放权注册登记机构和全国碳排放权交易机构应当定期向生态环境部报告全国碳排放权登记、交易、结算等活动和机构运行有关情况，以及应当报告的其他重大事项，并保证全国碳排放权注册登记系统和全国碳排放权交易系统安全稳定可靠运行。

第六条 生态环境部负责制定全国碳排放权交易及相关活动的技术规范，加强对地方碳排放配额分配、温室气体排放报告与核查的监督管理，并会同国务院其他有关部门对全国碳排放权交易及相关活动进行监督管理和指导。

省级生态环境主管部门负责在本行政区域内组织开展碳排放配额分配和清缴、温室气体排放报告的核查等相关活动，并进行监督管理。

设区的市级生态环境主管部门负责配合省级生态环境主管部门落实相关具体工作，并根据本办法有关规定实施监督管理。

第七条 全国碳排放权注册登记机构和全国碳排放权交易机构及其工作人员，应当遵守全国碳排放权交易及相关活动的技术规范，并遵守国家其他有关主管部门关于交易监管的规定。

第二章　温室气体重点排放单位

第八条　温室气体排放单位符合下列条件的,应当列入温室气体重点排放单位(以下简称重点排放单位)名录:

(一)属于全国碳排放权交易市场覆盖行业;

(二)年度温室气体排放量达到 2.6 万吨二氧化碳当量。

第九条　省级生态环境主管部门应当按照生态环境部的有关规定,确定本行政区域重点排放单位名录,向生态环境部报告,并向社会公开。

第十条　重点排放单位应当控制温室气体排放,报告碳排放数据,清缴碳排放配额,公开交易及相关活动信息,并接受生态环境主管部门的监督管理。

第十一条　存在下列情形之一的,确定名录的省级生态环境主管部门应当将相关温室气体排放单位从重点排放单位名录中移出:

(一)连续二年温室气体排放未达到 2.6 万吨二氧化碳当量的;

(二)因停业、关闭或者其他原因不再从事生产经营活动,因而不再排放温室气体的。

第十二条　温室气体排放单位申请纳入重点排放单位名录的,确定名录的省级生态环境主管部门应当进行核实;经核实符合本办法第八条规定条件的,应当将其纳入重点排放单位名录。

第十三条　纳入全国碳排放权交易市场的重点排放单位,不再参与地方碳排放权交易试点市场。

第三章　分配与登记

第十四条　生态环境部根据国家温室气体排放控制要求,综合考虑经济增长、产业结构调整、能源结构优化、大气污染物排放协同控制等因素,制定碳排放配额总量确定与分配方案。

省级生态环境主管部门应当根据生态环境部制定的碳排放配额总量确定与分配方案,向本行政区域内的重点排放单位分配规定年度的碳排放配额。

第十五条 碳排放配额分配以免费分配为主，可以根据国家有关要求适时引入有偿分配。

第十六条 省级生态环境主管部门确定碳排放配额后，应当书面通知重点排放单位。

重点排放单位对分配的碳排放配额有异议的，可以自接到通知之日起七个工作日内，向分配配额的省级生态环境主管部门申请复核；省级生态环境主管部门应当自接到复核申请之日起十个工作日内，作出复核决定。

第十七条 重点排放单位应当在全国碳排放权注册登记系统开立账户，进行相关业务操作。

第十八条 重点排放单位发生合并、分立等情形需要变更单位名称、碳排放配额等事项的，应当报经所在地省级生态环境主管部门审核后，向全国碳排放权注册登记机构申请变更登记。全国碳排放权注册登记机构应当通过全国碳排放权注册登记系统进行变更登记，并向社会公开。

第十九条 国家鼓励重点排放单位、机构和个人，出于减少温室气体排放等公益目的自愿注销其所持有的碳排放配额。

自愿注销的碳排放配额，在国家碳排放配额总量中予以等量核减，不再进行分配、登记或者交易。相关注销情况应当向社会公开。

第四章 排放交易

第二十条 全国碳排放权交易市场的交易产品为碳排放配额，生态环境部可以根据国家有关规定适时增加其他交易产品。

第二十一条 重点排放单位以及符合国家有关交易规则的机构和个人，是全国碳排放权交易市场的交易主体。

第二十二条 碳排放权交易应当通过全国碳排放权交易系统进行，可以采取协议转让、单向竞价或者其他符合规定的方式。

全国碳排放权交易机构应当按照生态环境部有关规定，采取有效措施，发挥全国碳排放权交易市场引导温室气体减排的作用，防止过度投机的交易行为，维护市场健康发展。

第二十三条　全国碳排放权注册登记机构应当根据全国碳排放权交易机构提供的成交结果，通过全国碳排放权注册登记系统为交易主体及时更新相关信息。

第二十四条　全国碳排放权注册登记机构和全国碳排放权交易机构应当按照国家有关规定，实现数据及时、准确、安全交换。

第五章　排放核查与配额清缴

第二十五条　重点排放单位应当根据生态环境部制定的温室气体排放核算与报告技术规范，编制该单位上一年度的温室气体排放报告，载明排放量，并于每年 3 月 31 日前报生产经营场所所在地的省级生态环境主管部门。排放报告所涉数据的原始记录和管理台账应当至少保存五年。

重点排放单位对温室气体排放报告的真实性、完整性、准确性负责。

重点排放单位编制的年度温室气体排放报告应当定期公开，接受社会监督，涉及国家秘密和商业秘密的除外。

第二十六条　省级生态环境主管部门应当组织开展对重点排放单位温室气体排放报告的核查，并将核查结果告知重点排放单位。核查结果应当作为重点排放单位碳排放配额清缴依据。

省级生态环境主管部门可以通过政府购买服务的方式委托技术服务机构提供核查服务。技术服务机构应当对提交的核查结果的真实性、完整性和准确性负责。

第二十七条　重点排放单位对核查结果有异议的，可以自被告知核查结果之日起七个工作日内，向组织核查的省级生态环境主管部门申请复核；省级生态环境主管部门应当自接到复核申请之日起十个工作日内，作出复核决定。

第二十八条　重点排放单位应当在生态环境部规定的时限内,向分配配额的省级生态环境主管部门清缴上年度的碳排放配额。清缴量应当大于等于省级生态环境主管部门核查结果确认的该单位上年度温室气体实际排放量。

第二十九条 重点排放单位每年可以使用国家核证自愿减排量抵销碳排放配额的清缴,抵销比例不得超过应清缴碳排放配额的 5%。相关规定由生态环境部另行制定。

用于抵销的国家核证自愿减排量,不得来自纳入全国碳排放权交易市场配额管理的减排项目。

第六章 监督管理

第三十条 上级生态环境主管部门应当加强对下级生态环境主管部门的重点排放单位名录确定、全国碳排放权交易及相关活动情况的监督检查和指导。

第三十一条 设区的市级以上地方生态环境主管部门根据对重点排放单位温室气体排放报告的核查结果,确定监督检查重点和频次。

设区的市级以上地方生态环境主管部门应当采取“双随机、一公开”的方式,监督检查重点排放单位温室气体排放和碳排放配额清缴情况,相关情况按程序报生态环境部。

第三十二条 生态环境部和省级生态环境主管部门,应当按照职责分工,定期公开重点排放单位年度碳排放配额清缴情况等信息。

第三十三条 全国碳排放权注册登记机构和全国碳排放权交易机构应当遵守国家交易监管等相关规定,建立风险管理机制和信息披露制度,制定风险管理预案,及时公布碳排放权登记、交易、结算等信息。

全国碳排放权注册登记机构和全国碳排放权交易机构的工作人员不得利用职务便利谋取不正当利益,不得泄露商业秘密。

第三十四条 交易主体违反本办法关于碳排放权注册登记、结算或者交易相关规定的,全国碳排放权注册登记机构和全国碳排放权交易机构可以按照国家有关规定,对其采取限制交易措施。

第三十五条 鼓励公众、新闻媒体等对重点排放单位和其他交易主体的碳排放权交易及相关活动进行监督。

重点排放单位和其他交易主体应当按照生态环境部有关规定,及时公开有关全国碳排放权交易及相关活动信息，自觉接受公众监督。

第三十六条 公民、法人和其他组织发现重点排放单位和其他交易主体有违反本办法规定行为的，有权向设区的市级以上地方生态环境主管部门举报。

接受举报的生态环境主管部门应当依法予以处理，并按照有关规定反馈处理结果，同时为举报人保密。

第七章 罚 则

第三十七条 生态环境部、省级生态环境主管部门、设区的市级生态环境主管部门的有关工作人员，在全国碳排放权交易及相关活动的监督管理中滥用职权、玩忽职守、徇私舞弊的，由其上级行政机关或者监察机关责令改正，并依法给予处分。

第三十八条 全国碳排放权注册登记机构和全国碳排放权交易机构及其工作人员违反本办法规定，有下列行为之一的，由生态环境部依法给予处分，并向社会公开处理结果：

（一）利用职务便利谋取不正当利益的；

（二）有其他滥用职权、玩忽职守、徇私舞弊行为的。

全国碳排放权注册登记机构和全国碳排放权交易机构及其工作人员违反本办法规定，泄露有关商业秘密或者有构成其他违反国家交易监管规定行为的，依照其他有关规定处理。

第三十九条 重点排放单位虚报、瞒报温室气体排放报告，或者拒绝履行温室气体排放报告义务的，由其生产经营场所所在地设区的市级以上地方生态环境主管部门责令限期改正，处一万元以上三万元以下的罚款。逾期未改正的，由重点排放单位生产经营场所所在地的省级生态环境主管部门测算其温室气体实际排放量，并将该排放量作为碳排放配额清缴的依据；对虚报、瞒报部分，等量核减其下一年度碳排放配额。

第四十条 重点排放单位未按时足额清缴碳排放配额的，由其生产经营场所所在地设区的市级以上地方生态环境主管部门责令限期改正，处二万元以上三万元以下的罚款；逾期未改正的，对欠缴部分，由重点排放单位生产经营场所所在地的省级生态环境主管部门等量核减其下一年度碳排放配额。

第四十一条　违反本办法规定，涉嫌构成犯罪的，有关生态环境主管部门应当依法移送司法机关。

第八章　附　则

第四十二条　本办法中下列用语的含义：

（一）温室气体：是指大气中吸收和重新放出红外辐射的自然和人为的气态成分，包括二氧化碳（CO_2）、甲烷（CH_4）、氧化亚氮（N_2O）、氢氟碳化物（HFCs）、全氟化碳（PFCs）、六氟化硫（SF_6）和三氟化氮（NF_3）。

（二）碳排放：是指煤炭、石油、天然气等化石能源燃烧活动和工业生产过程以及土地利用变化与林业等活动产生的温室气体排放，也包括因使用外购的电力和热力等所导致的温室气体排放。

（三）碳排放权：是指分配给重点排放单位的规定时期内的碳排放额度。

（四）国家核证自愿减排量：是指对我国境内可再生能源、林业碳汇、甲烷利用等项目的温室气体减排效果进行量化核证，并在国家温室气体自愿减排交易注册登记系统中登记的温室气体减排量。

第四十三条　本办法自 2021 年 2 月 1 日起施行。

《2019—2020 年全国碳排放权交易配额总量设定与分配实施方案（发电行业）》

一、纳入配额管理的重点排放单位名单

根据发电行业（含其他行业自备电厂）2013—2019 年任一年排放达到 2.6 万吨二氧化碳当量（综合能源消费量约 1 万吨标准煤）及以上的企业或者其他经济组织的碳排放核查结果，筛选确定纳入 2019—2020 年全国碳市场配额管理的重点排放单位名单，并实行名录管理。

碳排放配额是指重点排放单位拥有的发电机组产生的二氧化碳排放限额，包括化石燃料消费产生的直接二氧化碳排放和净购入电力所产生的间接二氧化碳排放。对不同类别机组所规定的单位供电（热）量的碳排放限值，简称为碳排放基准值。

二、纳入配额管理的机组类别

本方案中的机组包括纯凝发电机组和热电联产机组，自备电厂参照执行，不具备发电能力的纯供热设施不在本方案范围之内。纳入 2019—2020 年配额管理的发电机组包括 300 MW 等级以上常规燃煤机组，300 MW 等级及以下常规燃煤机组，燃煤矸石、煤泥、水煤浆等非常规燃煤机组（含燃煤循环流化床机组）和燃气机组四个类别。对于使用非自产可燃性气体等燃料（包括完整履约年度内混烧自产二次能源热量占比不超过 10%的情况）生产电力（包括热电联产）的机组、完整履约年度内掺烧生物质（含垃圾、污泥等）热量年均占比不超过 10%的生产电力（包括热电联产）机组，其机组类别按照主要燃料确定。对于纯生物质发电机组、特殊燃料发电机组、仅使用自产资源发电机组、满足本方案要求的掺烧发电机组以及其他特殊发电机组暂不纳入 2019—2020 年配额管理。各类机

组的判定标准详见附件 1。本方案对不同类别的机组设定相应碳排放基准值，按机组类别进行配额分配。

三、配额总量

省级生态环境主管部门根据本行政区域内重点排放单位 2019—2020 年的实际产出量以及本方案确定的配额分配方法及碳排放基准值，核定各重点排放单位的配额数量；将核定后的本行政区域内各重点排放单位配额数量进行加总，形成省级行政区域配额总量。将各省级行政区域配额总量加总，最终确定全国配额总量。

四、配额分配方法

对 2019—2020 年配额实行全部免费分配，并采用基准法核算重点排放单位所拥有机组的配额量。重点排放单位的配额量为其所拥有各类机组配额量的总和。

（一）配额核算公式

采用基准法核算机组配额总量的公式为：

机组配额总量＝供电基准值×实际供电量×修正系数＋供热基准值×实际供热量。

各类机组详细的配额计算方法见配额分配技术指南（见附件 2、3）。

（二）修正系数

考虑到机组固有的技术特性等因素，通过引入修正系数进一步提高同一类别机组配额分配的公平性。各类别机组配额分配的修正系数见配额分配技术指南（见附件 2、3）。本方案暂不设地区修正系数。

（三）碳排放基准值及确定原则

考虑到经济增长预期、实现控制温室气体排放行动目标、疫情对经济社会发展的影响等因素，2019—2020 年各类别机组的碳排放基准值按照附件 4 设定。

五、配额发放

省级生态环境主管部门根据配额计算方法及预分配流程，按机组 2018 年度供电（热）量的 70%，通过全国碳排放权注册登记结算系统（以下简称注登系统）向本行政区域内的重点排放单位预分配 2019—2020 年的配额。在完成 2019 年度和 2020 年度碳排放数据核查后，按机组 2019 年和 2020 年实际供电（热）量对配额进行最终核定。核定的最终配额量与预分配的配额量不一致的，以最终核定的配额量为准，通过注登系统实行多退少补。配额计算方法、预分配流程及核定流程详见附件 2、3。

六、配额清缴

为降低配额缺口较大的重点排放单位所面临的履约负担，在配额清缴相关工作中设定配额履约缺口上限，其值为重点排放单位经核查排放量的 20%，即当重点排放单位配额缺口量占其经核查排放量比例超过 20%时，其配额清缴义务最高为其获得的免费配额量加 20%的经核查排放量。

为鼓励燃气机组发展，在燃气机组配额清缴工作中，当燃气机组经核查排放量不低于核定的免费配额量时，其配额清缴义务为已获得的全部免费配额量；当燃气机组经核查排放量低于核定的免费配额量时，其配额清缴义务为与燃气机组经核查排放量等量的配额量。

除上述情况外，纳入配额管理的重点排放单位应在规定期限内通过注登系统向其生产经营场所所在地省级生态环境主管部门清缴不少于经核查排放量的配额量，履行配额清缴义务，相关工作的具体要求另行通知。

七、重点排放单位合并、分立与关停情况的处理

纳入全国碳市场配额管理的重点排放单位发生合并、分立、关停或迁出其生产经营场所所在省级行政区域的，应在作出决议之日起 30 日内报其生产经营场所所在地省级生态环境主管部门核定。省级生态环境主管部门应根据实际情况，

对其已获得的免费配额进行调整，向生态环境部报告并向社会公布相关情况。配额变更的申请条件和核定方法如下。

（一）重点排放单位合并

重点排放单位之间合并的，由合并后存续或新设的重点排放单位承继配额，并履行清缴义务。合并后的碳排放边界为重点排放单位在合并前各自碳排放边界之和。

重点排放单位和未纳入配额管理的经济组织合并的，由合并后存续或新设的重点排放单位承继配额，并履行清缴义务。2019—2020 年的碳排放边界仍以重点排放单位合并前的碳排放边界为准，2020 年后对碳排放边界重新核定。

（二）重点排放单位分立

重点排放单位分立的，应当明确分立后各重点排放单位的碳排放边界及配额量，并报其生产经营场所所在地省级生态环境主管部门确定。分立后的重点排放单位按照本方案获得相应配额，并履行各自清缴义务。

（三）重点排放单位关停或搬迁

重点排放单位关停或迁出原所在省级行政区域的，应在作出决议之日起 30 日内报告迁出地及迁入地省级生态环境主管部门。关停或迁出前一年度产生的二氧化碳排放，由关停单位所在地或迁出地省级生态环境主管部门开展核查、配额分配、交易及履约管理工作。

如重点排放单位关停或迁出后不再存续，2019—2020 年剩余配额由其生产经营场所所在地省级生态环境主管部门收回，2020 年后不再对其发放配额。

八、其他说明

（一）地方碳市场重点排放单位

对已参加地方碳市场2019年度配额分配但未参加2020年度配额分配的重点排放单位，暂不要求参加全国碳市场 2019 年度的配额分配和清缴。对已参加地方碳市场 2019 年度和 2020 年度配额分配的重点排放单位，暂不要求其参加全国碳市场 2019 年度和 2020 年度的配额分配和清缴。本方案印发后，地方碳市场不再向纳入全国碳市场的重点排放单位发放配额。

（二）不予发放及收回免费配额情形

重点排放单位的机组有以下情形之一的不予发放配额，已经发放配额的重点排放单位经核查后有以下情形之一的，则按规定收回相关配额。

1. 违反国家和所在省（区、市）有关规定建设的；

2. 根据国家和所在省（区、市）有关文件要求应关未关的；

3. 未依法申领排污许可证，或者未如期提交排污许可证执行报告的。

附件：1. 各类机组判定标准

    2. 2019—2020 年燃煤机组配额分配技术指南（略）

    3. 2019—2020 年燃气机组配额分配技术指南（略）

    4. 2019—2020 年各类别机组碳排放基准值（略）

    5. ××省（区、市）2019—2020 年发电行业重点排放单位配额预分配相关数据填报表（略）

附件 1　各类机组判定标准

表 1　纳入配额管理的机组判定标准

机组分类	判定标准
300 MW 等级以上常规燃煤机组	以烟煤、褐煤、无烟煤等常规电煤为主体燃料且额定功率不低于 400 MW 的发电机组
300 MW 等级及以下常规燃煤机组	以烟煤、褐煤、无烟煤等常规电煤为主体燃料且额定功率低于 400 MW 的发电机组
燃煤矸石、煤泥、水煤浆等非常规燃煤机组（含燃煤循环流化床机组）	以煤矸石、煤泥、水煤浆等非常规电煤为主体燃料（完整履约年度内，非常规燃料热量年均占比应超过 50%）的发电机组（含燃煤循环流化床机组）
燃气机组	以天然气为主体燃料（完整履约年度内，其他掺烧燃料热量年均占比不超过 10%）的发电机组

注：1. 合并填报机组按照最不利原则判定机组类别。

  2. 完整履约年度内，掺烧生物质（含垃圾、污泥等）热量年均占比不超过 10%的化石燃料机组，按照主体燃料判定机组类别。

  3. 完整履约年度内，混烧化石燃料（包括混烧自产二次能源热量年均占比不超过 10%）的发电机组，按照主体燃料判定机组类别。

表 2　暂不纳入配额管理的机组判定标准

机组类型	判定标准
生物质发电机组	1. 纯生物质发电机组（含垃圾、污泥焚烧发电机组）
掺烧发电机组	2. 生物质掺烧化石燃料机组： 完整履约年度内，掺烧化石燃料且生物质（含垃圾、污泥）燃料热量年均占比高于 50%的发电机组（含垃圾、污泥焚烧发电机组） 3. 化石燃料掺烧生物质（含垃圾、污泥）机组： 完整履约年度内，掺烧生物质（含垃圾、污泥等）热量年均占比超过 10%且不高于 50%的化石燃料机组 4. 化石燃料掺烧自产二次能源机组： 完整履约年度内，混烧自产二次能源热量年均占比超过 10%的化石燃料燃烧发电机组
特殊燃料发电机组	5. 仅使用煤层气（煤矿瓦斯）、兰炭尾气、炭黑尾气、焦炉煤气（荒煤气）、高炉煤气、转炉煤气、石油伴生气、油页岩、油砂、可燃冰等特殊化石燃料的发电机组
使用自产资源发电机组	6. 仅使用自产废气、尾气、煤气的发电机组
其他特殊发电机组	7. 燃煤锅炉改造形成的燃气机组（直接改为燃气轮机的情形除外） 8. 燃油机组、整体煤气化联合循环发电（IGCC）机组、内燃机组

《企业温室气体排放报告核查指南（试行）》

1 适用范围

本指南规定了重点排放单位温室气体排放报告的核查原则和依据、核查程序和要点、核查复核以及信息公开等内容。

本指南适用于省级生态环境主管部门组织对重点排放单位报告的温室气体排放量及相关数据的核查。

对重点排放单位以外的其他企业或经济组织的温室气体排放报告核查，碳排放权交易试点的温室气体排放报告核查，基于科研等其他目的的温室气体排放报告核查工作可参考本指南执行。

2 术语和定义

2.1 重点排放单位

全国碳排放权交易市场覆盖行业内年度温室气体排放量达到2.6万吨二氧化碳当量及以上的企业或者其他经济组织。

2.2 温室气体排放报告

重点排放单位根据生态环境部制定的温室气体排放核算方法与报告指南及相关技术规范编制的载明重点排放单位温室气体排放量、排放设施、排放源、核算边界、核算方法、活动数据、排放因子等信息，并附有原始记录和台账等内容的报告。

2.3 数据质量控制计划

重点排放单位为确保数据质量，对温室气体排放量和相关信息的核算与报告作出的具体安排与规划，包括重点排放单位和排放设施基本信息、核算边界、核算方法、活动数据、排放因子及其他相关信息的确定和获取方式，以及内部质量控制和质量保证相关规定。

2.4　核查

根据行业温室气体排放核算方法与报告指南以及相关技术规范，对重点排放单位报告的温室气体排放量和相关信息进行全面核实、查证的过程。

2.5　不符合项

核查发现的重点排放单位温室气体排放量、相关信息、数据质量控制计划、支撑树料等不符合温室气体核算方法与报告指南以及相关技术规范的情况。

3　核查原则和依据

重点排放单位温室气体排放报告的核查应遵循客观独立、诚实守信、公平公正、专业严谨的原则，依据以下文件规定开展：

——《碳排放权交易管理办法（试行）》；

——生态环境部发布的工作通知；

——生态环境部制定的温室气体排放核算方法与报告指南；

——相关标准和技术规范。

4　核查程序和要点

4.1　核查程序

核查程序包括核查安排、建立核查技术工作组、文件评审、建立现场核查组、实施现场核查、出具《核查结论》、告知核查结果、保存核查记录等八个步骤，核查工作流程图见附件1。

4.1.1　核查安排

省级生态环境主管部门应综合考虑核查任务、进度安排及所需资源组织开展核查工作。

通过政府购买服务的方式委托技术服务机构开展的，应要求技术服务机构建立有效的风险防范机制、完善的内部质量管理体系和适当的公正性保证措施，确保核查工作公平公正、客观独立开展。技术服务机构不应开展以下活动：

——向重点排放单位提供碳排放配额计算、咨询或管理服务；

——接受任何对核查活动的客观公正性产生影响的资助、合同或其他形式的服务或产品；

——参与碳资产管理、碳交易的活动，或与从事碳咨询和交易的单位存在资产和管理方面的利益关系，如隶属于同一个上级机构等；

——与被核查的重点排放单位存在资产和管理方面的利益关系，如隶属于同一个上级机构等；

——为被核查的重点排放单位提供有关温室气体排放和减排、监测、测量、报告和校准的咨询服务；

——与被核查的重点排放单位共享管理人员，或者在 3 年之内曾在彼此机构内相互受聘过管理人员；

——使用具有利益冲突的核查人员，如 3 年之内与被核查重点排放单位存在雇佣关系或为被核查的重点排放单位提供过温室气体排放或碳交易的咨询服务等；

——宣称或暗示如果使用指定的咨询或培训服务，对重点排放单位的排放报告的核查将更为简单、容易等。

4.1.2 建立核查技术工作组

省级生态环境主管部门应根据核查任务和进度安排，建立一个或多个核查技术工作组（以下简称技术工作组）开展如下工作：

——实施文件评审；

——完成《文件评审表》（见附件 2），提出《现场核查清单》（见附件 3）的现场核查要求；

——提出《不符合项清单》（见附件 4），交给重点排放单位整改，验证整改是否完成；

——出具《核查结论》；

——对未提交排放报告的重点排放单位，按照保守性原则对其排放量及相关数据进行测算。

技术工作组的工作可由省级生态环境主管部门及其直属机构承担,也可通过政府购买服务的方式委托技术服务机构承担技术工作组至少由 2 名成员组成,其中 1 名为负责人,至少 1 名成员具备被核查的重点排放单位所在行业的专业知识和工作经验。技术工作组负责人应充分考虑重点排放单位所在的行业领域工艺流程、设施数量、规模与场所、排放特点、核查人员的专业背景和实践经验等方面的因素,确定成员的任务分工。

4.1.3 文件评审

技术工作组应根据相应行业的温室气体排放核算方法与报告指南(以下简称核算指南)、相关技术规范,对重点排放单位提交的排放报告及数据质量控制计划等支撑材料进行文件评审,初步确认重点排放单位的温室气体排放量和相关信息的符合情况,识别现场核查重点,提出现场核查时间、需访问的人员、需观察的设施、设备或操作以及需查阅的支撑文件等现场核查要求,并按附件 2 和附件 3 的格式分别填写完成《文件评审表》和《现场核查清单》提交省级生态环境主管部。

技术工作组可根据核查工作需要,调阅重点排放单位提交的相关支撑材料如组织机构图、厂区分布图、工艺流程图、设施台账、生产日志、监测设备和计量器具台账、支撑报送数据的原始凭证以及数据内部质量控制和质量保证相关文件和记录等。

技术工作组应将重点排放单位存在的如下情况作为文件评审重点:

——投诉举报企业温室气体排放量和相关信息存在的问题;

——日常数据监测发现企业温室气体排放量和相关信息存在的异常情况;

——上级生态环境主管部门转办交办的其他有关温室气体排放的事项。

4.1.4 建立现场核查组

省级生态环境主管部门应根据核查任务和进度安排,建立一个或多个现场核查组开展如下工作:

——根据《现场核查清单》,对重点排放单位实施现场核查,收集相关证据和支撑材料;

——详细填写《现场核查清单》的核查记录并报送技术工作组。

现场核查组的工作可由省级生态环境主管部门及其直属机构承担,也可通过政府购买服务的方式委托技术服务机构承担。

现场核查组应至少由 2 人组成。为了确保核查工作的连续性,现场核查组成员原则上应为核查技术工作组的成员。对于核查人员调配存在困难等情况,现场核查组的成员可以与核查技术工作组成员不同。

对于核查年度之前连续 2 年未发现任何不符合项的重点排放单位,且当年文件评审中未发现存在疑问的信息或需要现场重点关注的内容,经省级生态环境主管部门同意后,可不实施现场核查。

4.1.5 实施现场核查

现场核查的目的是根据《现场核查清单》收集相关证据和支撑材料。

4.1.5.1 核查准备

现场核查组应按照《现场核查清单》做好准备工作,明确核查任务重点、组内人员分工、核查范围和路线,准备核查所需要的装备,如现场核查清单、记录本、交通工具、通信器材、录音录像器材、现场采样器材等。

现场核查组应于现场核查前 2 个工作日通知重点排放单位做好准备。

4.1.5.2 现场核查

现场核查组可采用以下查、问、看、验等方法开展工作。

——查:查阅相关文件和信息,包括原始凭证、台账、报表、图纸会计账册、专业技术资料、科技文献等,保存证据时可保存文件和信息的原件,如保存原件有困难,可保存复印件、扫描件、打印件、照片或视频录像等,必要时,可附文字说明;

——问:询问现场工作人员,应多采用开放式提问,获取更多关于核算边界、排放源、数据监测以及核算过程等信息;

——看:查看现场排放设施和监测设备的运行,包括现场观察核算边界、排放设施的位置和数量、排放源的种类以及监测设备的安装、校准和维护情况等;

——验:通过重复计算验证计算结果的准确性,或通过抽取样本重复测试确认测试结果的准确性等。

现场核查组应验证现场收集的证据的真实性，确保其能够满足核查的需要。现场核查组应在现场核查工作结束后 2 个工作日内，向技术工作组提交填写完成的《现场核查清单》。

4.1.5.3 不符合项

技术工作组应在收到《现场核查清单》后 2 个工作日内，对《现场核查清单》中未取得有效证据、不符合核算指南要求以及未按数据质量控制计划执行等情况，在《不符合项清单》（见附件 4）中"不符合项描述"一栏如实记录，并要求重点排放单位采取整改措施。

重点排放单位应在收到《不符合项清单》后的 5 个工作日内填写完成《不符合项清单》中"整改措施及相关证据"一栏，连同相关证据材料一并提交技术工作组。技术工作组应对不符合项的整改进行书面验证，必要时可采取现场验证的方式。

4.1.6 出具《核查结论》

技术工作组应根据如下要求出具《核查结论》（见附件 5）并提交省级生态环境主管部门。

——对于未提出不符合项的，技术工作组应在现场核查结束后 5 个工作日内填写完成《核查结论》。

——对于提出不符合项的，技术工作组应在收到重点排放单位提交的《不符合项清单》"整改措施及相关证据"一栏内容后的 5 个工作日内填写完成《核查结论》。如果重点排放单位未在规定时间内完成对不符合项的整改，或整改措施不符合要求，技术工作组应根据核算指南与生态环境部公布的缺省值，按照保守原则测算排放量及相关数据，并填写完成《核查结论》。

——对于经省级生态环境主管部门同意不实施现场核查的，技术工作组应在省级生态环境主管部门作出不实施现场核查决定后 5 个工作日内，填写完成《核查结论》。

4.1.7 告知核查结果

省级生态环境主管部门应将《核查结论》告知重点排放单位。

如省级生态环境主管部门认为有必要进一步提高数据质量,可在告知核查结果之前,采用复查的方式对核查过程和核查结论进行书面或现场评审。

4.1.8 保存核查记录

省级生态环境主管部门应以安全和保密的方式保管核查的全部书面(含电子)文件至少 5 年。

技术服务机构应将核查过程的所有记录、支撑材料、内部技术评审记录等进行归档保存至少 10 年。

4.2 核查要点

4.2.1 文件评审要点

4.2.1.1 重点排放单位基本情况

技术工作组应通过查阅重点排放单位的营业执照、组织机构代码证、机构简介、组织结构图、工艺流程说明、排污许可证、能源统计报表、原始凭证等文件的方式确认以下信息的真实性、准确性以及与数据质量控制计划的符合性:

——重点排放单位名称、单位性质、所属国民经济行业类别、统社会信用代码、法定代表人、地理位置、排放报告联系人、排污许可证编号等基本信息;

——重点排放单位内部组织结构、主要产品或服务、生产工艺流程使用的能源品种及年度能源统计报告等情况。

4.2.1.2 核算边界

技术工作组应查阅组织机构图、厂区平面图、标记排放源输入与输出的工艺流程图及工艺流程描述、固定资产管理合账、主要用能设备清单并查阅可行性研究报告及批复、相关环境影响评价报告及批复、排污许可证、承包合同、租赁协议等,确认以下信息的符合性:

——核算边界是否与相应行业的核算指南以及数据质量控制计一致;

——纳入核算和报告边界的排放设施和排放源是否完整;

与上一年度相比,核算边界是否存在变更等。

4.2.1.3 核算方法

技术工作组应确认重点排放单位在报告中使用的核算方法是否符合相应行

业的核算指南的要求，对任何偏离指南的核算方法都应判断其合理性，并在《文件评审表》和《核查结论》中说明。

4.2.1.4 核算数据

技术工作组应重点查证核实以下四类数据的真实性、准确性和可靠性。

4.2.1.4.1 活动数据

技术工作组应依据核算指南，对重点排放单位排放报告中的每个活动数据的来源及数值进行核查。核查的内容应包括活动数据的单位、数据来源、监测方法、监测频次、记录频次、数据缺失处理等。对支撑数据样本较多需采用抽样方法进行验证的，应考虑抽样方法、抽样数量以及样本的代表性。

如果活动数据的获取使用了监测设备，技术工作组应确认监测设备是否得到了维护和校准，维护和校准是否符合核算指南和数据质量控制计划的要求。技术工作组应确认因设备校准延迟而导致的误差是否根据设备的精度或不确定度进行了处理，以及处理的方式是否会低估排放量或过量发放配额。

针对核算指南中规定的可以自行检测或委托外部实验室检测的关键参数，技术工作组应确认重点排放单位是否具备测试条件，是否依据核算指南建立内部质量保证体系并按规定留存样品。如果不具备自行测试条件，委托的外部实验室是否有计量认证（CMA）资质认定或中国合格评定国家认可委员会（CNAS）的认可。

技术工作组应将每一个活动数据与其他数据来源进行交叉核对，其他数据来源可包括燃料购买合同、能源台账、月度生产报表购售电发票、供热协议及报告、化学分析报告、能源审计报告等。

4.2.1.4.2 排放因子

技术工作组应依据核算指南和数据质量控制计划对重点排放单位排放报告中的每一个排放因子的来源及数值进行核查。

对采用缺省值的排放因子，技术工作组应确认与核算指南中的缺省值一致。

对采用实测方法获取的排放因子，技术工作组至少应对排放因子的单位、数据来源、监测方法、监测频次、记录频次、数据缺失处理（如适用）等内容进行核查，对支撑数据样本较多需采用抽样进行验证的，应考虑抽样方法、抽样数量以及样本的代表性。对于通过监测设备获取的排放因子数据，以及按照核算指南由重点排放单位自行检测或委托外部实验室检测的关键参数，技术工作组应采取与活动数据同样的核查方法。在核查过程中，技术工作组应将每一个排放因子数据与其他数据来源进行交叉核对，其他的数据来源可包括化学分析报告、政府间气候变化专门委员会（IPCC）缺省值、省级温室气体清单编制指南中的缺省值等。

4.2.1.4.3 排放量

技术工作组应对排放报告中排放量的核算结果进行核查，通过验证排放量计算公式是否正确、排放量的累加是否正确、排放量的计算是否可再现等方式确认排放量的计算结果是否正确。通过对比以前年份的排放报告，通过分析生产数据和排放数据的变化和波动情况确认排放量是否合理等。

4.2.1.4.4 生产数据

技术工作组依据核算指南和数据质量控制计划对每一个生产数据进行核查，并与数据质量控制计划规定之外的数据源进行交叉验证。核查内容应包括数据的单位、数据来源、监测方法、监测频次、记录频次、数据缺失处理等。对生产数据样本较多需采用抽样方法进行验证的，应考虑抽样方法、抽样数量以及样本的代表性。

4.2.1.5 质量保证和文件存档

技术工作组应对重点排放单位的质量保障和文件存档执行情况进行核查：

——是否建立了温室气体排放核算和报告的规章制度，包括负责机构和人员、工作流程和内容、工作周期和时间节点等；是否指定了专职人员负责温室气体排放核算和报告工作；

——是否定期对计量器具、监测设备进行维护管理；维护管理记录是否已存档；

——是否建立健全温室气体数据记录管理体系，包括数据来源、数据获取时间以及相关责任人等信息的记录管理；是否形成碳排放数据管理台账记录并定期报告，确保排放数据可追溯；

——是否建立温室气体排放报告内部审核制度,定期对温室气体排放数据进行交叉校验,对可能产生的数据误差风险进行识别,并提出相应的解决方案。

4.2.1.6 数据质量控制计划及执行

4.2.1.6.1 数据质量控制计划

技术工作组应从以下几个方面确认数据质量控制计划是否符合核算指南的要求。

a) 版本及修订

技术工作组应确认数据质量控制计划的版本和发布时间与实际情况是否一致。如有修订,应确认修订满足下述情况之一或相关核算指南规定。

——因排放设施发生变化或使用新燃料、物料产生了新排放;

——采用新的测量仪器和测量方法,提高了数据的准确度;

——发现按照原数据质量控制计划的监测方法核算的数据不正确;

——发现修订数据质量控制计划可提高报告数据的准确度;

——发现数据质量控制计划不符合核算指南要求。

b) 重点排放单位情况

技术工作组可通过查阅其他平台或相关文件中的信息源(如国家企业信用信息公示系统、能源审计报告、可行性研究报告、环境影响评价报告、环境管理体系评估报告、年度能源和水统计报表、年度工业统计报表以及年度财务审计报告)等方式确认数据质量控制计划中重点排放单位的基本信息、主营产品、生产设施信息、组织机构图、厂区平面分布图、工艺流程图等相关信息的真实性和完整性。

c) 核算边界和主要排放设施描述

技术工作组可采用查阅对比文件(如企业设备台账)等方式确认排放设施的真实性、完整性以及核算边界是否符合相关要求。

d) 数据的确定方式

技术工作组应对核算所需的各项活动数据、排放因子和生产数据的计算方法、单位、数据获取方式、相关监测测量设备信息、数据缺失时的处理方式等内容进行核查,并确认:

——是否对参与核算所需要的各项数据都确定了获取方式,各项数据的单位是否符合核算指南要求;

——各项数据的计算方法和获取方式是否合理且符合核算指南的要求;

——数据获取过程中涉及的测量设备的型号、位置是否属实;

——监测活动涉及的监测方法、监测频次、监测设备的精度和校准频次等是否符合核算指南及相应的监测标准的要求;

——数据缺失时的处理方式是否按照保守性原则确保不会低估排放量或过量发放配额。

e) 数据内部质量控制和质量保证相关规定

技术工作组应通过查阅支持材料和如下管理制度文件,对重点排放单位内部质量控制和质量保证相关规定进行核查,确认相关制度安排合理、可操作并符合核算指南要求。

——数据内部质量控制和质量保证相关规定;

——数据质量控制计划的制订、修订、内部审批以及数据质量控制计划执行等方面的管理规定;

——人员的指定情况,内部评估以及审批规定;

——数据文件的归档管理规定等。

4.2.1.6.2 数据质量控制计划执行

技术工作组应结合上述 4.2.1.1～4.2.1.5 的核查,从以下方面核查数据质量控制计划的执行情况。

——重点排放单位基本情况是否与数据质量控制计划中的报告主体描述一致;

——年度报告的核算边界和主要排放设施是否与数据质量控制计划中的核算边界和主要排放设施一致;

——所有活动数据、排放因子及相关数据是否按照数据质量控制计划实施监测;

——监测设备是否得到了有效的维护和校准,维护和校准是否符合国家、地区计量法规或标准的要求，是否符合数据质量控制计划、核算指南或设备制造商的要求；

    ——监测结果是否按照数据质量控制计划中规定的频次记录；

    ——数据缺失时的处理方式是否与数据质量控制计划一致；

    ——数据内部质量控制和质量保证程序是否有效实施。

对不符合核算指南要求的数据质量控制计划,应开具不符合项要求重点排放单位进行整改。

对于未按数据质量控制计划获取的活动数据、排放因子、生产数据，技术工作组应结合现场核查组的现场核查情况开具不符合项,要求重点排放单位按照保守性原则测算数据，确保不会低估排放量或过量发放配额。

4.2.1.7 其他内容

除上述内容外，技术工作组在文件评审中还应重点关注如下内容：

    ——投诉举报企业温室气体排放量和相关信息存在的问题；

    ——各级生态环境主管部门转办交办的事项；

    ——日常数据监测发现企业温室气体排放量和相关信息存在异常的情况；

    ——排放报告和数据质量控制计划中出现错误风险较高的数据以及重点排放单位是如何控制这些风险的；

    ——重点排放单位以往年份不符合项的整改完成情况，以及是否得到持续有效管理等。

4.2.2 现场核查要点

现场核查组应按《现场核查清单》开展核查工作，并重点关注如下内容：

    ——投诉举报企业温室气体排放量和相关信息存在的问题；

    ——各级生态环境主管部门转办交办的事项；

    ——日常数据监测发现企业温室气体排放量和相关信息存在异常的情况；

    ——重点排放单位基本情况与数据质量控制计划或其他信息源不一致的情况；

    ——核算边界与核算指南不符，或与数据质量控制计划不一致的情况；

    ——排放报告中采用的核算方法与核算指南不一致的情况；

——活动数据、排放因子、排放量、生产数据等不完整、不合理或不符合数据质量控制计划的情况；

——重点排放单位是否有效地实施了内部数据质量控制措施的情况；

——重点排放单位是否有效地执行了数据质量控制计划的情况；

——数据质量控制计划中报告主体基本情况、核算边界和主要排放设施、数据的确定方式、数据内部质量控制和质量保证相关规定等与实际情况的一致性；

——确认数据质量控制计划修订的原因，比如排放设施发生变化使用新燃料或物料、采用新的测量仪器和测量方法等情况。

现场核查组应按《现场核查清单》收集客观证据，详细填写核查记录，并将证据文件一并提交技术工作组。相关证据材料应能证实所需要核实、确认的信息符合要求。

5 核查复核

重点排放单位对核查结果有异议的，可在被告知核查结论之日起 7 个工作日内，向省级生态环境主管部门申请复核。复核结论应在接到复核申请之日起 10 个工作日内作出。

6 信息公开

核查工作结束后，省级生态环境主管部门应将所有重点排放单位的《核查结论》在官方网站向社会公开，并报生态环境部汇总。如有核查复核的，应公开复核结论。

核查工作结束后，省级生态环境主管部门应对技术服务机构提供的核查服务按附件 6《技术服务机构信息公开表》的格式进行评价，在官方网站向社会公开《技术服务机构信息公开表》。评价过程应结合技术服务机构与省级生态环境主管部门的日常沟通、技术评审复查以及核查复核等环节开展。

省级生态环境主管部门应加强信息公开管理，发现有违法违规行为的，应当依法予以公开。

附件 1

检查工作流程图

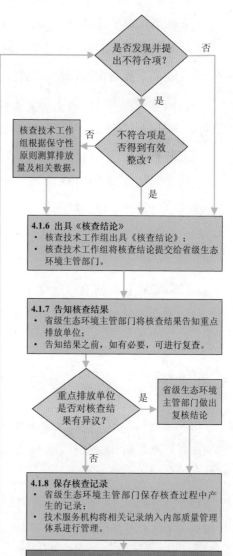

附件 2

文件评审表

重点排放单位名称			
重点排放单位地址			
统一社会信用代码		法定代表人	
联系人		联系方式（座机、手机和电子邮箱）	
核算和报告依据			
核查技术工作组成员			
文件评审日期			
现场核查日期			
核查内容	文件评审记录 （将评审过程中的核查发现、符合情况以及交叉核对等内容详细记录）		存在疑问的信息或需要现场重点关注的内容
1. 重点排放单位基本情况			
2. 核算边界			
3. 核算方法			
4. 核算数据			
1）活动数据			
- 活动数据 1			
- 活动数据 2			
……			
2）排放因子			
- 排放因子 1			
- 排放因子 2			
……			
3）排放量			
4）生产数据			
- 生产数据 1			
- 生产数据 2			
……			
5. 质量控制和文件存档			
6. 数据质量控制计划及执行			
1）数据质量控制计划			
2）数据质量控制计划的执行			
7. 其他内容			
核查技术工作组负责人（签名、日期）：			

附件 3

现场核查清单

重点排放单位名称			
重点排放单位地址			
统一社会信用代码		法定代表人	
联系人		联系方式（座机、手机和电子邮箱）	
现场核查要求		现场核查记录	
1.			
2.			
3.			
4.			
……			
		现场发现的其他问题：	
核查技术工作组负责人（签名、日期）：		现场核查人员（签名、日期）：	

附件 4

不符合项清单

重点排放单位名称		
重点排放单位地址		
统一社会信用代码	法定代表人	
联系人	联系方式（座机、手机和电子邮箱）	
不符合项描述	整改措施及相关证据	整改措施是否符合要求
1.		
2.		
3.		
4.		
......		
核查技术工作组负责人（签名、日期）：	重点排放单位整改负责人（签名、日期）：	核查技术工作负责人（签名、日期）：

注：请于　年　月　日前完成整改措施，并提交相关证据。如未在上述日期前完成整改，主管部门将根据相关保守性原则测算温室气体排放量等相关数据，用于履约清缴等工作。

附件 5

核查结论

一、重点排放单位基本信息				
重点排放单位名称				
重点排放单位地址				
统一社会信用代码		法定代表人		
二、文件评审和现场核查过程				
核查技术工作组承担单位		核查技术工作组成员		
文件评审日期				
现场核查工作组承担单位		现场核查工作组成员		
现场核查日期				
是否不予实施现场核查？		□是 □否，如是，简要说明原因		
三、核查发现 （在相应空格中打√）				

核查内容	符合要求	不符合项已整改且满足要求	不符合项已整改但不满足要求	不符合项未整改
1. 重点排放单位基本情况				
2. 核算边界				
3. 核算方法				
4. 核算数据				

5. 质量控制和文件存档				
6. 数据质量控制计划及执行				
7. 其他内容				

四、核查确认

（一）初次提交排放报告的数据	
温室气体排放报告（初次提交）日期	
初次提交报告中的排放量（tCO$_2$e）	
初次提交报告中与配额分配相关的生产数据	

（二）最终提交排放报告的数据	
温室气体排放报告（最终）日期	
经核查后的排放量（tCO$_2$e）	
经核查后与配额分配相关的生产数据	

（三）其他需要说明的问题	
最终排放量的认定是否涉及喝茶技术工作组的测算？	□是 □否，如是，简要说明原因、过程、依据和认定结果：
最终与配额分配相关的生产数据的认定是否涉及核查技术工作组的测算？	□是 □否，如是，简要说明原因、过程、依据和认定结果：
其他需要说明的情况	
核查技术工作负责人（签字、日期）：	
技术服务机构盖章（如购买技术服务机构的核查服务）	

附件6

技术服务机构信息公开表

（　　　年度核查）

一、技术服务机构基本信息				
技术服务机构名称				
统一社会信信用代码		法定代表人		
注册资信		办公场所		
联系人		联系方式（电话、E-mail）		

二、技术服务机构内部管理情况	
内部质量管理措施	
公正性管理措施	
不良记录	

三、核查工作及时性和工作质量									
序号	重点排放单位名称	统一社会信用代码/组织机构代码	检查及时性（填写及时或不及时）	核查质量（如符合要求填写符合，如不符合要求，简述不符合的具体内容）					
				1. 重点排放单位基本情况	2. 核算边界	3. 核算方法	4. 核算数据	5. 质量控制和文件存档	6. 数据质量控制计划及执行	7. 其他内容
1									
2									
3									
……									

共出具　　份《核查结论》，其中：　　份合格，　　份不合格，合格率　　%。
《核查结论》不合格情况如下：
——重点排放单位基本情况核查存在不合格的　　份；
——核算边界的核查存在不合格的　　份；
——核算方法的核查存在不合格的　　份；
——核算数据的核查存在不合格的　　份；
——质量控制和文件存档的核查存在不合格的　　份；
——数据质量控制计划及执行的核查存在不合格的　　份；
——其他内容的核查存在不合格的　　份。

附：

1. 技术服务机构内部质量管理相关文件（略）

2. 技术服务机构《年度公众性自查报告》（略）

关于加强企业温室气体排放报告管理
相关工作的通知

(环办气候〔2021〕9号)

各省、自治区、直辖市生态环境厅（局），新疆生产建设兵团生态环境局：

根据《碳排放权交易管理办法（试行）》规定和《2019—2020年全国碳排放权交易配额总量设定与分配实施方案（发电行业）》要求，为准确掌握发电行业配额分配和清缴履约的相关数据，夯实全国碳排放权交易市场扩大行业覆盖范围和完善配额分配方法的数据基础，扎实做好全国碳排放权交易市场建设运行相关工作，现将加强企业温室气体排放报告管理有关工作要求通知如下。

一、工作范围

工作范围为发电、石化、化工、建材、钢铁、有色、造纸、航空等重点排放行业（具体行业子类见附件1）的2013年至2020年任一年温室气体排放量达2.6万吨二氧化碳当量（综合能源消费量约1万t标准煤）及以上的企业或其他经济组织（以下简称重点排放单位）。其中，发电行业的工作范围应包括《纳入2019—2020年全国碳排放权交易配额管理的重点排放单位名单》确定的重点排放单位以及2020年新增的重点排放单位。

2018年以来，连续两年温室气体排放未达到2.6万吨二氧化碳当量的，或因停业、关闭或者其他原因不再从事生产经营活动，因而不再排放温室气体的，不纳入本通知工作范围。

二、工作任务

请各省级生态环境主管部门组织行政区域内的重点排放单位报送温室气体排放相关信息及有关支撑材料，并做好以下工作。

（一）温室气体排放数据报告。组织行政区域内的发电行业重点排放单位依据《碳排放权交易管理办法（试行）》相关规定和《企业温室气体排放核算方法与报告指南 发电设施》（见附件 2），通过环境信息平台（全国排污许可证管理信息平台，网址为 http://permit.mee.gov.cn）做好温室气体排放数据填报工作。考虑到新冠肺炎疫情等因素影响，发电行业 2020 年度温室气体排放情况、有关生产数据及支撑材料应于 2021 年 4 月 30 日前完成线上填报。

组织行政区域内的其他行业重点排放单位于 2021 年 9 月 30 日前，通过环境信息平台填报 2020 年度温室气体排放情况、有关生产数据及支撑材料。

（二）组织核查。按照《碳排放权交易管理办法（试行）》和《企业温室气体排放报告核查指南（试行）》，组织开展对重点排放单位 2020 年度温室气体排放报告的核查，并填写核查数据汇总表（环境信息平台下载），核查数据汇总表请加盖公章后报我部应对气候变化司。其中，发电行业的核查数据报送工作应于 2021 年 6 月 30 日前完成，其他行业的核查数据报送工作应于 2021 年 12 月 31 日前完成。

（三）报送发电行业重点排放单位名录和相关材料。各省级生态环境主管部门应于 2021 年 6 月 30 日前，向我部报送本行政区域 2021 年度发电行业重点排放单位名录，并向社会公开，同时参照《关于做好全国碳排放权交易市场发电行业重点排放单位名单和相关材料报送工作的通知》（环办气候函〔2019〕528 号）要求，报送新增发电行业重点排放单位的系统开户申请表和账户代表人授权委托书。

（四）配额核定和清缴履约。在 2021 年 9 月 30 日前完成发电行业重点排放单位 2019—2020 年度的配额核定工作，2021 年 12 月 31 日前完成配额的清缴履约工作。

（五）监督检查。省级生态环境主管部门应加强对重点排放单位温室气体排放的日常管理，重点对相关实测数据、台账记录等进行抽查，监督检查结果及时在省级生态环境主管部门官方网站公开。对未能按时报告的重点排放单位，省级生态环境主管部门应书面告知相关单位，并责令其及时报告。

三、保障措施

（一）加强组织领导。各省级生态环境主管部门应高度重视温室气体排放数据报送工作，加强组织领导，建立常态化监督检查机制，切实抓好本行政区域内重点排放单位温室气体排放报告相关工作。我部将对各地方温室气体排放报告、核查、配额核定和清缴履约等相关工作的落实情况进行督导，对典型问题进行公开。

（二）落实工作经费保障。各地方应落实重点排放单位温室气体排放报告和核查工作所需经费，争取安排财政专项资金，按期保质保量完成相关工作。

（三）加强能力建设。各省级生态环境主管部门应结合重点排放单位温室气体排放报告和核查工作的实际需要，加强监督管理队伍、技术支撑队伍和重点排放单位的能力建设。

就上述工作中涉及的相关技术问题，可通过国家碳市场帮助平台（http://114.251.10.23/ China_ETS_Help_Desk/）或全国排污许可证管理信息平台（http://permit.mee.gov.cn "在线客服"悬浮窗）咨询。

特此通知。

联系人：

应对气候变化司　刘文博

电话：（010）65645641

环境工程评估中心（环境信息平台登录技术支持）　齐硕、王日辉

电话：（010）84757220

环境发展中心（发电行业核算方法与报告技术咨询）　张杰、周才华

电话：（010）84351838、84351852

国家气候战略中心（其他技术咨询）　于胜民

电话：（010）82268461

附件：1. 覆盖行业及代码（略）

　　　2. 企业温室气体排放核算方法与报告指南　发电设施（见附录下一部分）

生态环境部办公厅

2021 年 3 月 28 日

《企业温室气体排放核算方法与报告指南 发电设施（2021年修订版）》

1 适用范围

本指南规定了发电设施的温室气体排放核算边界和排放源、化石燃料燃烧排放核算要求、购入电力排放核算要求、排放量计算、生产数据核算要求、数据质量控制计划、数据质量管理要求、定期报告要求和信息公开要求等。

本指南适用于全国碳排放权交易市场的发电行业重点排放单位（含自备电厂）使用燃煤、燃油、燃气等化石燃料及掺烧化石燃料的纯凝发电机组和热电联产机组等发电设施的温室气体排放核算。其他未纳入全国碳排放权交易市场的企业发电设施温室气体排放核算可参照本指南。

本指南不适用于单一使用非化石燃料（如纯垃圾焚烧发电、沼气发电、秸秆林木质等纯生物质发电机组，余热、余压、余气发电机组和垃圾填埋气发电机组等）发电设施的温室气体排放核算。

2 规范性引用文件

本指南内容引用了下列文件或其中的条款。凡是不注明日期的引用文件，其有效版本适用于本指南。

GB 17167　用能单位能源计量器具配备和管理通则

GB 21258　常规燃煤发电机组单位产品能源消耗限额

GB 35574　热电联产单位产品能源消耗限额

GB/T 211　煤中全水分的测定方法

GB/T 212　煤的工业分析方法

GB/T 213　煤的发热量测定方法

GB/T 474   煤样的制备方法

GB/T 475   商品煤样人工采取方法

GB/T 476   煤中碳和氢的测定方法

GB/T 483   煤炭分析试验方法一般规定

GB/T 4754   国民经济行业分类

GB/T 8984   气体中一氧化碳、二氧化碳和碳氢化合物的测定   气相色谱法

GB/T 11062   天然气发热量、密度、相对密度和沃泊指数的计算方法

GB/T 13610   天然气的组成分析气相色谱法

GB/T 19494.1   煤炭机械化采样   第 1 部分：采样方法

GB/T 21369   火力发电企业能源计量器具配备和管理要求

GB/T 27025   检测和校准实验室能力的通用要求

GB/T 30733   煤中碳氢氮的测定仪器法

GB/T 32150   工业企业温室气体排放核算和报告通则

GB/T 32151.1   温室气体排放核算与报告要求   第 1 部分：发电企业

GB/T 31391   煤的元素分析

GB/T 35985   煤炭分析结果基的换算

DL/T 567.8   火力发电厂燃料试验方法   第 8 部分：燃油发热量的测定

DL/T 568   燃料元素的快速分析方法

DL/T 904   火力发电厂技术经济指标计算方法

DL/T 1365   名词术语电力节能

HJ 608   排污单位编码规则

3 术语和定义

下列术语和定义适用于本指南。

3.1

温室气体 greenhouse gas

大气中吸收和重新放出红外辐射的自然和人为的气态成分，包括二氧化碳

（CO_2）、甲烷（CH_4）、氧化亚氮（N_2O）、氢氟碳化物（HFCs）、全氟化碳（PFCs）、六氟化硫（SF_6）和三氟化氮（NF_3）等。本指南中的温室气体为二氧化碳（CO_2）。

3.2

温室气体重点排放单位　key emitting entity of greenhouse gas

全国碳排放权交易市场覆盖行业内年度温室气体排放量达到2.6万吨二氧化碳当量的温室气体排放单位，简称重点排放单位。

3.3

发电设施 power generation facilities

存在于某一地理边界、属于某一组织单元或生产过程的电力生产装置集合。

3.4

化石燃料燃烧排放 emission from fossil fuel combustion

化石燃料在氧化燃烧过程中产生的二氧化碳排放。

3.5

购入电力排放　emission from purchased electricity

购入使用电量所对应的电力生产环节产生的二氧化碳排放。

3.6

活动数据　activity data

导致温室气体排放的生产或消费活动量的表征值，例如各种化石燃料消耗量、化石燃料低位发热量、购入使用电量等。

3.7

排放因子　emission factor

表征单位生产或消费活动量的温室气体排放系数，例如每单位化石燃料燃烧所产生的二氧化碳排放量、每单位购入使用电量所对应的二氧化碳排放量等。

3.8

低位发热量 low calorific value

燃料完全燃烧，其燃烧产物中的水蒸气以气态存在时的发热量，也称低位热值。

3.9

碳氧化率 carbon oxidation rate

燃料中的碳在燃烧过程中被完全氧化的百分比。

3.10

负荷（出力）系数 load（output）coefficient

统计期内，单元机组总输出功率平均值与机组额定功率之比，即机组利用小时数与运行小时数之比，也称负荷率。

3.11

热电联产机组 combined heat and power generation unit

同时向用户供给电能和热能的生产方式。本指南所指热电联产机组包括统计期内有对外供热量产生的发电机组。

3.12

纯凝发电机组 condensing power generation unit

蒸汽进入汽轮发电机组的汽轮机，通过其中各级机叶做功后，乏汽全部进入凝结器凝结为水的生产方式。本指南是指企业批复文件为纯凝发电机组，并且统计期内仅对外供电的发电机组。

3.13

母管制系统 common header system

将多台给水和过热蒸汽参数相同的机组分别用公用管道将给水和过热蒸汽连在一起的发电系统。

4 工作程序和内容

发电设施温室气体排放核算工作内容包括核算边界和排放源确定、数据质量控制计划编制、化石燃料燃烧排放核算、购入电力排放核算、排放量计算、生产数据信息获取、定期报告、信息公开和数据质量管理的相关要求。工作程序见图1。

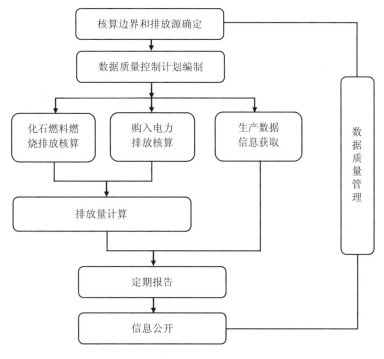

图 1　工作程序

a）核算边界和排放源确定

确定重点排放单位核算边界，识别纳入边界的排放设施和排放源。排放报告应包括核算边界所包含的装置、所对应的地理边界、组织单元和生产过程。

b）数据质量控制计划编制

按照各类数据测量和获取要求编制数据质量控制计划，并按照数据质量控制计划实施温室气体的测量活动。

c）化石燃料燃烧排放核算

收集活动数据、确定排放因子，计算发电设施化石燃料燃烧排放量。

d）购入电力排放核算

收集活动数据、确定排放因子，计算发电设施购入使用电量所对应的排放量。

e）排放量计算

汇总计算发电设施二氧化碳排放量。

f）生产数据信息获取

获取和计算发电量、供电量、供热量、供热比、供电煤（气）耗、供热煤（气）耗、供电碳排放强度、供热碳排放强度、运行小时数和负荷（出力）系数等生产信息和数据。

g）定期报告

定期报告温室气体排放数据及相关生产信息，并报送相关支撑材料。

h）信息公开

定期公开温室气体排放报告相关信息，接受社会监督。

i）数据质量管理

明确实施温室气体数据质量管理的一般要求。

5 核算边界和排放源确定

5.1 核算边界

核算边界为发电设施，主要包括燃烧系统、汽水系统、电气系统、控制系统和脱硫脱硝等装置的集合，不包括厂区内辅助生产系统以及附属生产系统。

5.2 排放源

发电设施温室气体排放核算和报告范围包括化石燃料燃烧产生的二氧化碳排放、购入使用电力产生的二氧化碳排放。

a）化石燃料燃烧产生的二氧化碳排放：一般包括发电锅炉（含启动锅炉）、燃气轮机等主要生产系统消耗的化石燃料燃烧产生的二氧化碳排放，不包括应急柴油发电机组、移动源、食堂等其他设施消耗化石燃料产生的排放。对于掺烧化石燃料的生物质发电机组、垃圾焚烧发电机组等产生的二氧化碳排放，仅统计燃料中化石燃料的二氧化碳排放。

b）购入使用电力产生的二氧化碳排放。

6 化石燃料燃烧排放核算要求

6.1 计算公式

6.1.1 化石燃料燃烧排放量是统计期内发电设施各种化石燃料燃烧产生的二氧

化碳排放量的加总，采用公式（1）计算。

$$E_{燃烧} = \sum_{i=1}^{n}(AD_i \times EF_i) \qquad (1)$$

式中，$E_{燃烧}$ —— 化石燃料燃烧的排放量，tCO_2；

AD$_i$ —— 第 i 种化石燃料的活动数据，GJ；

EF$_i$ —— 第 i 种化石燃料的二氧化碳排放因子，tCO_2/GJ；

i —— 化石燃料类型代号。

6.1.2 化石燃料活动数据计算见附录 A 公式（A.1）。

6.1.3 化石燃料的二氧化碳排放因子计算见附录 A 公式（A.2）和公式（A.3）。

6.2 数据的监测与获取

6.2.1 化石燃料消耗量的测定标准与优先序

6.2.1.1 化石燃料消耗量应根据重点排放单位能源消耗实际测量值来确定，并应符合 GB 21258 的有关要求。燃煤消耗量应优先采用每日入炉煤测量数值，不具备入炉煤测量条件的，根据每日或每批次入厂煤盘存测量数值统计消耗量，并在排放报告中说明未采用入炉煤的原因。已有入炉煤测量的，不应改为采用入厂煤测量结果。燃油、燃气消耗量应至少每月测量。

6.2.1.2 化石燃料消耗量应按照以下优先级顺序选取，在之后各个核算年度的获取优先序不应降低：

a）生产系统记录的数据；

b）购销存台账中的数据；

c）供应商提供的结算凭证数据。

6.2.1.3 测量仪器的标准应符合 GB 17167 的相关规定。轨道衡、皮带秤、汽车衡等计量器具的准确度等级应符合 GB/T 21369 的相关规定，并确保在有效的检验周期内。

6.2.2 低位发热量的测定标准与频次

6.2.2.1 燃煤、燃油和燃气的低位发热量的测定采用表 1 所列的方法标准。具备检测条件的重点排放单位可自行检测，或委托有资质的机构进行检测。

表 1 低位发热量测定方法标准

序号	燃料种类	方法标准名称	方法标准编号
1	燃煤	煤的发热量测定方法	GB/T 213
2	燃油	火力发电厂燃料试验方法 第 8 部分：燃油发热量的测定	DL/T 567.8
3	燃气	天然气发热量、密度、相对密度和沃泊指数的计算方法	GB/T 11062

6.2.2.2 燃煤的收到基低位发热量应优先采用每日入炉煤检测数值。不具备入炉煤检测条件的，采用每日或每批次入厂煤检测数值。已有入炉煤检测的，不应改为采用入厂煤检测结果。

6.2.2.3 当某日或某批次燃煤收到基低位发热量无实测时，或测定方法均不符合表 1 要求时，该日或该批次的燃煤收到基低位发热量应不区分煤种取 26.7 GJ/t。

6.2.2.4 燃油、燃气的低位发热量应至少每月检测。如果某月有多于一次的实测数据，宜取算术平均值作为该月的低位发热量数值。无实测时采用供应商提供的检测报告中的数据，或采用本指南附录 B 表 B.1 规定的各燃料品种对应的缺省值。

6.2.3 单位热值含碳量的测定标准与频次

6.2.3.1 燃煤元素碳含量的测定采用表 2 所列的方法标准。具备检测条件的重点排放单位可自行检测，或委托有资质的机构进行检测。

表 2 燃煤元素碳含量测定方法标准

序号	项目	方法标准名称	方法标准编号
1	采样	商品煤样人工采取方法	GB/T 475
		煤炭机械化采样 第 1 部分：采样方法	GB/T 19494.1
2	制样	煤样的制备方法	GB/T 474
3	化验	煤中碳和氢的测定方法	GB/T 476
		煤中碳氢氮的测定仪器法	GB/T 30733
		燃料元素的快速分析方法	DL/T 568
		煤的元素分析	GB/T 31391
4	不同基的换算	煤炭分析试验方法一般规定	GB/T 483
		煤炭分析结果基的换算	GB/T 35985
		煤中全水分的测定方法	GB/T 211
		煤的工业分析方法	GB/T 212

6.2.3.2 燃煤元素碳含量应优先采用每日入炉煤检测数值。已委托有资质的机构进行入厂煤品质检测，且元素碳含量检测方法符合本指南要求的，可采用每月各批次入厂煤检测数据加权计算得到当月入厂煤元素碳含量数值。不具备每日入炉煤检测条件和入厂煤品质检测条件的，应每日采集入炉煤缩分样品，每月将获得的日缩分样品混合，用于检测其收到基元素碳含量。每月样品采集之后应于 30 个自然日内完成对该月样品的检测。检测样品的取样要求和相关记录应包括取样依据（方法标准）、取样点、取样频次、取样量、取样人员和保存情况等。

6.2.3.3 煤质分析中的元素碳含量应为收到基状态。如果实测的元素碳含量为干燥基或空气干燥基分析结果，应采用表 2 所列的方法标准转换为收到基元素碳含量。

6.2.3.4 燃煤收到基低位发热量的监测与获取应符合 6.2.2 的相关要求。

6.2.3.5 当某日或某月度燃煤单位热值含碳量无实测时，或测定方法均不符合表 2 要求时，该日或该月单位热值含碳量应不区分煤种取 0.033 56 tC/GJ。

6.2.3.6 燃油、燃气的单位热值含碳量应至少每月检测。对于天然气等气体燃料，含碳量的测定应遵循 GB/T 13610 和 GB/T 8984 等相关标准，根据每种气体组分的体积浓度及该组分化学分子式中碳原子的数目计算含碳量。如果某月有多于一次的含碳量实测数据，宜取算术平均值计算该月单位热值含碳量数值。无实测时采用供应商提供的检测报告中的数据，或采用本指南附录 B 表 B.1 规定的各燃料品种对应的缺省值。

6.2.4 碳氧化率的取值

6.2.4.1 燃煤的碳氧化率不区分煤种取 99%。

6.2.4.2 燃油和燃气的碳氧化率采用附录 B 表 B.1 中各燃料品种对应的缺省值。

7 购入电力排放核算要求

7.1 计算公式

7.1.1 对于购入使用电力产生的二氧化碳排放，用购入使用电量乘以电网排放因子得出，采用公式（2）计算。

$$E_{电} = AD_{电} \times EF_{电} \qquad (2)$$

式中，$E_{电}$ —— 购入使用电力产生的排放量，tCO_2；

　　　$AD_{电}$ —— 购入使用电量，$MW·h$；

　　　$EF_{电}$ —— 电网排放因子，$tCO_2/（MW·h）$。

7.2　数据的监测与获取优先序

7.2.1　购入使用电力的活动数据按以下优先序获取：

　　a）电表记录的读数；

　　b）供应商提供的电费结算凭证上的数据。

7.2.2　电网排放因子采用 0.610 1 $tCO_2/（MW·h）$，或生态环境部发布的最新数值。

8　排放量计算

　　发电设施二氧化碳排放量等于化石燃料燃烧排放量和购入使用电力产生的排放量之和，采用公式（3）计算。

$$E = E_{燃烧} + E_{电} \qquad (3)$$

式中，E —— 发电设施二氧化碳排放量，tCO_2；

　　　$E_{燃烧}$ —— 化石燃料燃烧排放量，tCO_2；

　　　$E_{电}$ —— 购入使用电力产生的排放量，tCO_2。

9　生产数据核算要求

9.1　发电量和供电量

9.1.1　计算公式

　　发电量是指统计期内从发电机端输出的总电量。供电量是指统计期内发电设施的发电量减去与生产有关的辅助设备的消耗电量。供电量计算见附录 A 公式（A.4）、公式（A.5）和公式（A.6）。

9.1.2　数据的监测与获取

9.1.2.1　发电量、供电量和厂用电量应根据企业电表记录的读数获取或计算，并符合 DL/T 904 和 DL/T 1365 等标准中的要求。

9.1.2.2　发电设施的发电量和供电量不包括应急柴油发电机的发电量。如果存在应急柴油发电机所发的电量供给发电机组消耗的情形，那么应急柴油发电机所发电量应计入厂用电量，在计算供电量时予以扣除。

9.2　供热量

9.2.1　计算公式

供热量计算见附录 A 公式（A.7）、公式（A.8）、公式（A.9）和公式（A.10）。

9.2.2　数据的监测与获取

供热量数据按以下优先序获取：

a）直接计量的热量数据；

b）结算凭证上的数据。

9.3　供热比

9.3.1　计算公式

供热比计算见附录 A 公式（A.11）、公式（A.12）、公式（A.13）、公式（A.14）、公式（A.15）和公式（A.16）。

9.3.2　数据的监测与获取

供热比计算时，相关参数按以下优先序获取：

a）生产系统记录的实际运行数据；

b）结算凭证上的数据；

c）相关技术文件或铭牌规定的额定值。

9.4　供电煤（气）耗和供热煤（气）耗

9.4.1　计算公式

供电煤（气）耗和供热煤（气）耗计算见附录 A 公式（A.17）和公式（A.18）。

9.4.2　数据的监测与获取

相关参数按以下优先序获取：

a）企业生产系统的数据；

b）采用附录 A 公式（A.17）和公式（A.18）的计算方法，此时供热比不能采用公式（A.14）获得。

9.5 供电碳排放强度和供热碳排放强度

9.5.1 计算公式

供电碳排放强度和供热碳排放强度计算见附录 A 公式（A.19）、公式（A.20）、公式（A.21）和公式（A.22）。

9.5.2 数据的监测与获取

供电碳排放强度和供热碳排放强度计算相关参数按照本指南要求获取。

9.6 运行小时数和负荷（出力）系数

9.6.1 计算公式

运行小时数和负荷（出力）系数采用生产数据，合并填报时见附录 A 公式（A.23）和公式（A.24）。

9.6.2 数据的监测与获取

运行小时数和负荷（出力）系数按以下优先序获取：

a）单台机组填报时，企业生产系统数据；

b）单台机组填报时，企业统计报表数据；

c）多台机组合并填报时，企业生产系统数据；

d）多台机组合并填报时，企业统计报表数据。

10 数据质量控制计划

10.1 数据质量控制计划的内容

重点排放单位应按照本指南中各类数据监测与获取要求，结合现有测量能力和条件，制订数据质量控制计划，并按照附录 D 的格式要求进行填报。数据质量控制计划中所有数据的计算方式与获取方式应符合本指南的要求。

数据质量控制计划应包括以下内容：

a）数据质量控制计划的版本及修订情况；

b）重点排放单位情况：包括重点排放单位基本信息、主营产品、生产工艺、组织机构图、厂区平面分布图、工艺流程图等内容；

c）按照本指南确定的实际核算边界和主要排放设施情况：包括核算边界的

描述，设施名称、类别、编号、位置情况等内容；

d）数据的确定方式：包括所有活动数据、排放因子和生产数据的计算方法，数据获取方式，相关测量设备信息（如测量设备的名称、型号、位置、测量频次、精度和校准频次等），数据缺失处理，数据记录及管理信息等内容。测量设备精度及设备校准频次要求应符合相应计量器具配备要求；

e）数据内部质量控制和质量保证相关规定：包括数据质量控制计划的制订、修订以及执行等管理程序，人员指定情况，内部评估管理，数据文件归档管理程序等内容。

10.2 数据质量控制计划的修订

重点排放单位在以下情况下应对数据质量控制计划进行修订，修订内容应符合实际情况并满足本指南的要求：

a）排放设施发生变化或使用计划中未包括的新燃料或物料而产生的排放；

b）采用新的测量仪器和方法，使数据的准确度提高；

c）发现之前采用的测量方法所产生的数据不正确；

d）发现更改计划可提高报告数据的准确度；

e）发现计划不符合本指南核算和报告的要求；

f）生态环境部明确的其他需要修订的情况。

10.3 数据质量控制计划的执行

重点排放单位应严格按照数据质量控制计划实施温室气体的测量活动，并符合以下要求：

a）发电设施基本情况与计划描述一致；

b）核算边界与计划中的核算边界和主要排放设施一致；

c）所有活动数据、排放因子和生产数据能够按照计划实施测量；

d）测量设备得到了有效的维护和校准，维护和校准能够符合计划、核算标准、国家要求、地区要求或设备制造商的要求；

e）测量结果能够按照计划中规定的频次记录；

f）数据缺失时的处理方式能够与计划一致；

g）数据内部质量控制和质量保证程序能够按照计划实施。

11 数据质量管理要求

重点排放单位应加强发电设施温室气体数据质量管理工作，包括但不限于：

a）建立温室气体排放核算和报告的内部管理制度和质量保障体系，包括明确负责部门及其职责、具体工作要求、数据管理程序、工作时间节点等。指定专职人员负责温室气体排放核算和报告工作。

b）按照表 2 中的方法标准进行燃煤样品的采样、制样和化验，保存煤样的采样、制样、化验等全过程的原始记录，所有煤样应至少留存一年备查。自行检测低位发热量、单位热值含碳量的，其实验室能力应满足 GB/T 27025 对人员、能力、设施、设备、系统等资源要求的规定，确保使用适当的方法和程序开展检测、记录和报告等实验室活动，并保留原始记录备查。委托检测低位发热量、单位热值含碳量的，应确保被委托的机构/实验室通过中国计量认证（CMA）认定或通过中国合格评定国家认可委员会（CNAS）认可，并保留机构出具的检测报告备查。

c）已对低位发热量、单位热值含碳量进行自行检测或委托检测的，在之后各核算年度不再采用缺省值。

d）定期对计量器具、检测设备和测量仪表进行维护管理，并记录存档。

e）建立温室气体数据内部台账管理制度。台账应明确数据来源、数据获取时间及填报台账的相关责任人等信息。排放报告所涉及数据的原始记录和管理台账应至少保存五年，确保相关排放数据可被追溯。

f）建立温室气体排放报告内部审核制度。定期对温室气体排放数据进行交叉校验，对可能产生的数据误差风险进行识别，并提出相应的解决方案。

g）规定了优先序的各参数，应按照规定的优先级顺序选取，在之后各核算年度的获取优先序不应降低。

h）相关参数未按本指南要求测量或获取时，采用生态环境部发布的相关参数值核算其排放量。

12　定期报告要求

重点排放单位应在每个月结束之后的 40 个自然日内，按生态环境部要求报告该月的活动数据、排放因子、生产相关信息和必要的支撑材料，并于每年 3 月 31 日前编制提交上一年度的排放报告，包括基本信息、机组及生产设施信息、活动数据、排放因子、生产相关信息、支撑材料等温室气体排放及相关信息，并按照附录 C 的格式要求进行报告。

a）重点排放单位基本信息

重点排放单位应报告重点排放单位名称、统一社会信用代码、排污许可证编号等基本信息。

b）机组及生产设施信息

重点排放单位应报告每台机组的燃料类型、燃料名称、机组类型、装机容量，以及锅炉、汽轮机、发电机、燃气轮机等主要生产设施的名称、编号、型号等相关信息。

c）活动数据

重点排放单位应报告化石燃料消耗量、化石燃料低位发热量、机组购入使用电量数据。

d）排放因子

重点排放单位应报告化石燃料单位热值含碳量、碳氧化率、电网排放因子数据。

e）生产相关信息

重点排放单位应报告发电量、供电量、供热量、供热比、供电煤（气）耗、供热煤（气）耗、运行小时数、负荷（出力）系数、供电碳排放强度、供热碳排放强度等数据。

f）支撑材料

重点排放单位应在排放报告中说明各项数据的来源并报送相关支撑材料，支撑材料应与各项数据的来源一致，并符合本指南中的报送要求。报送提交的原始检测记录中应明确显示检测依据（方法标准）、检测设备、检测人员和检测结果。

13 信息公开要求

重点排放单位应按生态环境部要求，在提交年度温室气体排放报告时，公开相关报告信息，接受社会监督，并按照附录 E 的格式要求进行公开。

a）基本信息

重点排放单位应公开排放报告中的单位名称、统一社会信用代码、排污许可证编号、法定代表人姓名、生产经营场所地址及邮政编码、行业分类、纳入全国碳市场的行业子类等信息。

b）机组及生产设施信息

重点排放单位应公开排放报告中的燃料类型、燃料名称、机组类型、装机容量、锅炉类型、汽轮机类型、汽轮机排汽冷却方式、负荷（出力）系数等信息。

c）低位发热量和单位热值含碳量的确定方式

重点排放单位应公开排放报告中的低位发热量和单位热值含碳量确定方式，自行检测的应公开检测设备、检测频次、设备校准频次和测定方法标准信息，委托检测的应公开委托机构名称、检测报告编号、检测日期和测定方法标准信息，未实测的应公开选取的缺省值。

d）排放量信息

重点排放单位应公开排放报告中每台机组的化石燃料燃烧排放量、购入使用电力排放量和二氧化碳排放量，以及全部机组二氧化碳排放总量。

e）生产经营变化情况

重点排放单位应公开生产经营变化情况，至少包括重点排放单位合并、分立、关停或搬迁情况，发电设施地理边界变化情况，主要生产运营系统关停或新增项目生产等情况以及其他较上一年度变化情况。

附录 A

计算公式

A.1 化石燃料燃烧排放计算公式

A.1.1 化石燃料活动数据

化石燃料活动数据是统计期内燃料的消耗量与其低位发热量的乘积,采用公式（A.1）计算。

$$AD_i = FC_i \times NCV_i \tag{A.1}$$

式中，AD_i—— 第 i 种化石燃料的活动数据，GJ；

FC_i—— 第 i 种化石燃料的消耗量，对于固体或液体燃料，t；对于气体燃料（标态），$10^4\,m^3$；

NCV_i—— 第 i 种化石燃料的低位发热量，对于固体或液体燃料，GJ/t；对于气体燃料（标态），$GJ/10^4\,m^3$。

燃煤的年度平均收到基低位发热量由月度平均收到基低位发热量加权平均计算得到，其权重是燃煤月消耗量。其中，入炉煤月度平均收到基低位发热量由每日平均收到基低位发热量加权平均计算得到，其权重是每日入炉煤消耗量。入厂煤月度平均收到基低位发热量由每批次平均收到基低位发热量加权平均计算得到，其权重是该月每批次入厂煤量。

燃油、燃气的年度平均低位发热量由每月平均低位发热量加权平均计算得到，其权重为每月燃油、燃气消耗量。

A.1.2 化石燃料燃烧二氧化碳排放因子

化石燃料燃烧二氧化碳排放因子采用公式（A.2）计算。

$$EF_i = CC_i \times OF_i \times \frac{44}{12} \tag{A.2}$$

式中，EF_i—— 第 i 种化石燃料的二氧化碳排放因子，tCO_2/GJ；

CC_i—— 第 i 种化石燃料的单位热值含碳量，tC/GJ；

OF_i —— 第 i 种化石燃料的碳氧化率，%；

44/12 —— 二氧化碳与碳的分子量之比。

其中，燃煤的单位热值含碳量采用公式（A.3）计算。

$$CC_{煤} = \frac{C_{煤}}{NCV_{煤}} \tag{A.3}$$

式中，$CC_{煤}$ —— 燃煤的单位热值含碳量，tC/GJ；

$NCV_{煤}$ —— 燃煤的收到基低位发热量，GJ/t；

$C_{煤}$ —— 燃煤的元素碳含量，tC/t。

燃煤的年度平均单位热值含碳量通过每月的单位热值含碳量加权平均计算得出，其权重为燃煤月活动数据（热量）。

燃煤的元素碳含量通过每月或每日的含碳量加权平均计算得出，其权重为燃煤每月或每日消耗量。

A.2 发电设施生产数据计算公式

A.2.1 发电量和供电量

发电量采用计量数据，供电量按以下计算方法获取：

a）对于纯凝发电机组，供电量为发电量与厂用电量之差，采用公式（A.4）计算。

$$W_{gd} = W_{fd} - W_{cy} \tag{A.4}$$

式中，W_{gd} —— 供电量，MW·h；

W_{fd} —— 发电量，MW·h；

W_{cy} —— 生产厂用电量，MW·h。

b）对于热电联产机组，供电量为发电量与发电厂用电量之差，采用公式（A.5）和公式（A.6）计算。

$$W_{gd} = W_{fd} - W_{dcy} \tag{A.5}$$

$$W_{dcy} = (W_{cy} - W_{rcy}) \times (1 - a) \tag{A.6}$$

式中，W_{gd} —— 供电量，MW·h；

W_{fd} —— 发电量，MW·h；

W_{cy} —— 生产厂用电量，MW·h；

W_{rcy} —— 供热专用的厂用电量，MW·h；当无供热专用厂用电量计量时，
该值可取 0；

W_d —— 发电厂用电量，MW·h；

a —— 供热比，%。

A.2.2 供热量

供热量为锅炉不经汽轮机直供蒸汽热量、汽轮机直接供热量与汽轮机间接
供热量之和，采用公式（A.7）和公式（A.8）计算。其中 Q_{zg} 和 Q_{jg} 计算方法参
考 DL/T 904 中相关要求。

$$Q_{gr}=\sum Q_{gl} +\sum Q_{jz} \tag{A.7}$$

$$\sum Q_{jz}=\sum Q_{zg} +\sum Q_{jg} \tag{A.8}$$

式中，Q_{gr} —— 供热量，GJ；

$\sum Q_{gl}$ —— 锅炉不经汽轮机直接向用户提供热量的直供蒸汽热量之和，
GJ；

$\sum Q_{jz}$ —— 汽轮机向外供出的直接供热量和间接供热量之和，GJ；

$\sum Q_{zg}$ —— 由汽轮机直接或经减温减压后向用户提供的直接供热量之和，
GJ；

$\sum Q_{jg}$ —— 通过热网加热器等设备加热供热介质后间接向用户提供热量
的间接供热量之和，GJ。

以质量单位计量的蒸汽可采用公式（A.9）转换为热量单位。

$$AD_{st}=Ma_{st}×（En_{st}-83.74）×10^{-3} \tag{A.9}$$

式中，AD_{st} —— 蒸汽的热量，GJ；

Ma_{st} —— 蒸汽的质量，t；

En_{st} —— 蒸汽所对应的温度、压力下每千克蒸汽的焓值，kJ/kg，焓值取
值参考相关行业标准；

83.74 —— 给水温度为 20℃时的焓值，kJ/kg。

以质量单位计量的热水可采用公式（A.10）转换为热量单位。

$$AD_w = Ma_w \times (T_w - 20) \times 4.186\ 8 \times 10^{-3} \qquad \text{(A.10)}$$

式中，AD_w —— 热水的热量，GJ；

Ma_w —— 热水的质量，t；

T_w —— 热水的温度，℃；

20 —— 常温下水的温度，℃；

4.186 8 —— 水在常温常压下的比热，kJ/（kg·℃）。

A.2.3　供热比

供热比采用以下计算方法获取。

a）当锅炉无向外直供蒸汽时，参考 DL/T 904 计算方法中的要求计算供热比，即统计期内汽轮机向外供出的热量与汽轮机耗热量之比，采用公式（A.11）计算。

$$a = \frac{\Sigma Q_{jz}}{\Sigma Q_{sr}} \qquad \text{(A.11)}$$

式中，a —— 供热比，%；

ΣQ_{jz} —— 汽轮机向外供出的热量，为机组直接供热量和间接供热量之和，GJ，机组直接供热量和间接供热量的计算参考 DL/T 904 中相关要求；

ΣQ_{sr} —— 汽轮机总耗热量，GJ。

b）当存在锅炉向外直供蒸汽的情况时，供热比为统计期内供热量与锅炉总产出的热量之比，采用公式（A.12）计算。锅炉总产出的热量参考 DL/T 904 计算方法中的要求计算。在数据不可得或非再热机组的情形下，采用公式（A.13）进行简化计算。

$$a = \frac{Q_{gr}}{Q_{cr}} \qquad \text{(A.12)}$$

$$Q_{cr} = D_{zq} \times h_{zq} \times 10^{-3} - D_{gs} \times h_{gs} \times 10^{-3} \qquad \text{(A.13)}$$

式中，a —— 供热比，%；

Q_{gr} —— 供热量，GJ；

Q_{cr} —— 锅炉总产出的热量，GJ；

D_{zq} —— 锅炉主蒸汽量，t；

h_{zq} —— 锅炉主蒸汽焓值，kJ/kg；

D_{gs} —— 锅炉给水量，t；

h_{gs} —— 锅炉给水焓值，kJ/kg。

c）当上述两种计算方式中有相关数据无法获得时，供热比可采用公式（A.14）计算。

$$a = \frac{b_r \times Q_{gr}}{B_h} \qquad (A.14)$$

式中，a —— 供热比，%；

b_r —— 机组单位供热量所消耗的标准煤量，tce/GJ；

Q_{gr} —— 供热量，GJ；

B_h —— 机组耗用总标准煤量，tce。

d）对于燃气蒸汽联合循环发电机组（CCPP）存在外供热量的情况，供热比可采用供热量与燃气产生的热量之比的简化方式，采用公式（A.15）和公式（A.16）进行计算。

$$a = \frac{Q_{gr}}{Q_{rq}} \qquad (A.15)$$

$$Q_{rq} = FC_{rq} \times NCV_{rq} \qquad (A.16)$$

式中，a —— 供热比，%；

Q_{gr} —— 供热量，GJ；

Q_{rq} —— 燃气产生的热量，GJ；

FC_{rq} —— 燃气消耗量（标态），$10^4\,m^3$；

NCV_{rq} —— 燃气低位发热量（标态），$GJ/10^4\,m^3$。

A.2.4 供电煤（气）耗和供热煤（气）耗

供电煤（气）耗和供热煤（气）耗参考 GB 35574 和 DL/T 904 等标准计算方法中的要求计算，当统计数据不可得时，采用公式（A.17）和公式（A.18）计算。

$$b_r = \frac{a \times B_h}{Q_{gr}} \tag{A.17}$$

$$b_g = \frac{(1-a) \times B_h}{W_{gd}} \tag{A.18}$$

式中，a —— 供热比，%；

　　　　b_r —— 机组单位供热量所消耗的标准煤（气）量（标态），tce/GJ 或 10^4 m^3/GJ；

　　　　b_g —— 机组单位供电量所消耗的标准煤（气）量（标态），tce/（MW·h）或 10^4 m^3/（MW·h）；

　　　　Q_{gr} —— 供热量，GJ；

　　　　W_{gd} —— 供电量，MW·h；

　　　　B_h —— 机组耗用总标准煤（气）量（标态），tce 或 10^4 m^3。

A.2.5　供电碳排放强度和供热碳排放强度

供电碳排放强度和供热碳排放强度可采用公式（A.19）～公式（A.22）计算。

$$S_{gd} = \frac{E_{gd}}{W_{gd}} \tag{A.19}$$

$$S_{gr} = \frac{E_{gr}}{Q_{gr}} \tag{A.20}$$

$$E_{gd} = (1-a) \times E \tag{A.21}$$

$$E_{gr} = a \times E \tag{A.22}$$

式中，S_{gd} —— 供电碳排放强度，即机组每供出 1 MW·h 的电量所产生的二氧化碳排放量，tCO$_2$/（MW·h）；

　　　　E_{gd} —— 统计期内机组供电所产生的二氧化碳排放量，tCO$_2$；

　　　　W_{gd} —— 供电量，MW·h；

　　　　S_{gr} —— 供热碳排放强度，即机组每供出 1 GJ 的热量所产生的二氧化碳排放量，tCO$_2$/GJ；

　　　　E_{gr} —— 统计期内机组供热所产生的二氧化碳排放量，tCO$_2$；

Q_{gr} —— 供热量，GJ；

a —— 供热比，%；

E —— 二氧化碳排放量，tCO_2。

A.2.6　运行小时数和负荷（出力）系数

运行小时数和负荷（出力）系数可采用公式（A.23）和公式（A.24）计算。

$$t = \frac{\sum_i^n t_i \times P_{ei}}{\sum_i^n P_{ei}} \qquad (A.23)$$

$$X = \frac{\sum_i^n w_{fdi}}{\sum_i^n P_{ei} \times t_i} \qquad (A.24)$$

式中，t —— 运行小时数，h；

X —— 负荷（出力）系数，%；

W_{fd} —— 发电量，MW·h；

P_e —— 机组额定容量，MW；

i —— 机组代号。

附录 B

相关参数的缺省值

附表 B.1　常用化石燃料相关参数缺省值

能源名称	计量单位	低位发热量（标态）[e]/（GJ/t，GJ/10⁴ m³）	单位热值含碳量/（tC/GJ）	碳氧化率/%
原油	t	41.816[a]	0.020 08[b]	98[b]
燃料油	t	41.816[a]	0.021 1[b]	
汽油	t	43.070[a]	0.018 9[b]	
煤油	t	43.070[a]	0.019 6[b]	
柴油	t	42.652[a]	0.020 2[b]	
液化石油气	t	50.179[a]	0.017 2[c]	
炼厂干气	t	45.998[a]	0.018 2[b]	
天然气（标态）	10⁴ m³	389.31[a]	0.015 32[b]	99[b]
焦炉煤气（标态）	10⁴ m³	173.54[d]	0.012 1[c]	
高炉煤气（标态）	10⁴ m³	33.00[d]	0.070 8[c]	
转炉煤气（标态）	10⁴ m³	84.00[d]	0.049 6[c]	
其他煤气（标态）	10⁴ m³	52.27[a]	0.012 2[c]	

注：[a] 数据取值来源于《中国能源统计年鉴 2019》。

[b] 数据取值来源于《省级温室气体清单编制指南（试行）》。

[c] 数据取值来源于《2006 年 IPCC 国家温室气体清单指南》。

[d] 数据取值来源于《中国温室气体清单研究》。

[e] 根据国际蒸汽表卡换算，本指南热功当量值取 4.186 8 kJ/kcal。

附录 C

报告内容及格式要求

企业温室气体排放报告

发电设施

重点排放单位（盖章）：

报告年度：

编制日期：

根据生态环境部发布的《企业温室气体核算方法与报告指南 发电设施》（2021年修订版）等相关要求，本单位核算了年度温室气体排放量并填写了如下表格：

附表 C.1 重点排放单位基本信息

附表 C.2 机组及生产设施信息

附表 C.3 化石燃料燃烧排放表

附表 C.4 购入使用电力排放表

附表 C.5 生产数据及排放量汇总表

附表 C.6 低位发热量和单位热值含碳量的确定方式

声 明

本单位对本报告的真实性、完整性、准确性负责。如本报告中的信息及支撑材料与实际情况不符，本单位愿承担相应的法律责任，并承担由此产生的一切后果。

特此声明。

法定代表人（或授权代表）：

重点排放单位（盖章）：

年/月/日

附表 C.1　重点排放单位基本信息

重点排放单位名称	
统一社会信用代码	
排污许可证编号*1	
单位性质（营业执照）	
法定代表人姓名	
注册日期	
注册资本（万元人民币）	
注册地址	
生产经营场所地址及邮政编码（省、市、县详细地址）	
报告联系人	
联系电话	
电子邮箱	
报送主管部门	
行业分类	发电行业
纳入全国碳市场的行业子类*2	4411（火力发电） 4412（热电联产） 4417（生物质能发电）
生产经营变化情况	至少包括： a）重点排放单位合并、分立、关停或搬迁情况； b）发电设施地理边界变化情况； c）主要生产运营系统关停或新增项目生产等情况； d）较上一年度变化，包括核算边界、排放源等变化情况

填报说明：

*1 重点排放单位涉及多个排污许可证的，应列出全部排污许可证编号信息。

*2 行业代码应按照国家统计局发布的国民经济行业分类 GB/T 4754 要求填报。自备电厂不区分行业，发电设施参照电力行业代码填报。掺烧化石燃料燃烧的生物质发电设施需填报，纯使用生物质发电的无需填报。

附表 C.2 机组及生产设施信息

机组名称	信息项			填报内容
1#机组*1	燃料类型*2			（示例：燃煤、燃油、燃气）
	燃料名称			（示例：无烟煤、柴油、天然气）
	机组类型*3			（示例：热电联产机组，循环流化床）
	装机容量（MW）*4			（示例：630）
	燃煤机组	锅炉	锅炉名称	（示例：1#锅炉）
			锅炉类型	（示例：煤粉炉）
			锅炉编号*5	（示例：MF 001）
			锅炉型号	（示例：HG-2030/17.5-YM）
			生产能力	（示例：2 030 t/h）
		汽轮机	汽轮机名称	（示例：1#）
			汽轮机类型	（示例：抽凝式）
			汽轮机编号	（示例：MF 002）
			汽轮机型号	（示例：N 630-16.7/538/538）
			压力参数*6	（示例：中压）
			额定功率	（示例：630）
			汽轮机排汽冷却方式*7	（示例：水冷-开式循环）
		发电机	发电机名称	（示例：1#）
			发电机编号	（示例：MF 003）
			发电机型号	（示例：QFSN-630-2）
			额定功率	（示例：630）
	燃气机组	名称/编号/型号/额定功率		
	燃气蒸汽联合循环发电机组（CCPP）	名称/编号/型号/额定功率		
	燃油机组	名称/编号/型号/额定功率		
	整体煤气化联合循环发电机组（IGCC）	名称/编号/型号/额定功率		
	其他特殊发电机组	名称/编号/型号/额定功率		
......				

填报说明：

*1 按发电机组进行填报，如果机组数多于 1 个，应分别填报。对于 CCPP，视为一台机组进行填报。合并填报的参数计算方法应符合本指南要求。同一法人边界内有两台或两台以上机组的，在产出相同（都为纯发电或者都为热电联产）、机组压力参数相同、装机容量等级相同、锅炉类型相同（如都是煤粉炉或者都是流化床锅炉）、汽轮机排汽冷却方式相同（都是水冷或空冷）等情况下：

a）如果为母管制或其他情形，燃料消耗量、供电量或者供热量中有任意一项无法分机组计量的，可合并填报；

b）如果仅有低位发热量或单位热值含碳量无法分机组计量的，可采用相同数值分机组填报；

c）如果机组辅助燃料量无法分机组计量的，可按机组发电量比例分配或其他合理方式分机组填报。

*2 燃料类型按照燃煤、燃油或者燃气划分，可采用机组运行规程或铭牌信息等进行确认。

*3 对于燃煤机组，机组类型是指纯凝发电机组、热电联产机组，并注明是否循环流化床机组、IGCC 机组；对于燃气机组，机组类型是指 B 级、E 级、F 级、H 级、分布式。

*4 以发电机容量作为机组装机容量，可采用机组运行规程等进行确认，应与当年排污许可证载明信息一致。

*5 锅炉、汽轮机、发电机等主要设施的编号统一采用排污许可证中对应编码。编码规则符合 HJ 608 要求。

*6 对于燃煤机组，压力参数是指中压、高压、超高压、亚临界、超临界、超超临界。

*7 汽轮机排汽冷却方式，可采用机组运行规程或铭牌信息等进行填报。冷却方式为水冷的，应明确是否为开式循环或闭式循环；冷却方式为空冷的，应明确是否为直接空冷或间接空冷。对于背压机组、内燃机组等特殊发电机组，仅需注明，不填写冷却方式。

附表 C.3　化石燃料燃烧排放表

机组*1	参数*2*3	单位	1月	2月	3月	第一季度	4月	5月	6月	第二季度	7月	8月	9月	第三季度	10月	11月	12月	第四季度	全年*4
1#机组（燃料）	A 燃料消耗量	t 或 10^4Nm^3				（合计值）				（合计值）				（合计值）				（合计值）	（合计值）
	B 燃料低位发热量	GJ/t 或 $GJ/10^4Nm^3$				（加权平均值）				（加权平均值）				（加权平均值）				（加权平均值）	（加权平均值）
	C 收到基元素碳含量	tC/t				（加权平均值）				（加权平均值）				（加权平均值）				（加权平均值）	（加权平均值）
	$D=A \times B$ 燃料热量	GJ				（计算值）				（计算值）				（计算值）				（计算值）	（计算值）
	$E=C/B$ 单位热值含碳量	tC/GJ				（加权平均值）				（加权平均值）				（加权平均值）				（加权平均值）	（加权平均值）
	F 碳氧化率	%				（缺省值）				（缺省值）				（缺省值）				（缺省值）	（缺省值）
	$G=A \times B \times E \times F \times 44/12$ 化石燃料燃烧排放量	tCO_2				（计算值）				（计算值）				（计算值）				（计算值）	（计算值）
……																			

填报说明：

*1 如果机组数多于 1 个，应分别填报。对于有多种燃料类型的，按不同燃料类型分机组进行填报。

*2 燃料消耗量应与低位发热量状态匹配，月度低位发热量由每日的入炉煤低位发热量和每日入炉煤量加权计算得到，或每批次入厂煤低位发热量和每批次入厂煤量加权计算得到。对于燃料低位发热量、单位热值含碳量，如果存在个别月度缺失的情况，按照标准要求求取缺省值。未采用入炉煤数据进行计算的，应在排放报告中说明原因。

*3 各参数按四舍五入保留小数位如下：

a) 燃煤、燃油消耗量单位为 t，燃气消耗量单位为 10^4Nm^3，保留到小数点后两位；

b) 燃煤、燃油低位发热量单位为 GJ/t，燃气低位发热量单位为 $GJ/10^4Nm^3$，保留到小数点后四位；

c) 收到基元素碳含量单位为 tC/t，保留到小数点后三位；

d) 热量单位为 GJ，保留到小数点后五位；

e) 单位热值含碳量单位为 tC/GJ，保留到小数点后五位；

f) 化石燃料燃烧排放量单位为 tCO_2，保留到小数点后两位。

*4 至少提供下述必要的支撑材料：

a) 对于燃料消耗量，提供每日/每月消耗量原始记录或台账；

b) 对于燃料消耗量，提供月度/年度生产报表；

c) 对于燃料消耗量，提供月度/年度燃料购销记录；

d) 对于自行检测的燃料低位发热量，提供每日/每月燃料检测记录或煤质分析原始记录（含低位发热量、挥发分、灰分、含水量等数据）；

e) 对于委托检测的燃料低位热量，提供有资质的机构出具的检测报告；

f) 对于每月进行加权计算的燃料低位发热量，提供体现加权计算过程的 Excel 表；

g) 对于自行检测的燃料单位热值含碳量，提供每月单位热值检测原始记录；

h) 对于委托检测的燃料单位热值含碳量，提供有资质的机构出具的检测报告。

附表 C.4 购入使用电力排放表

机组*1	参数*2		单位	1月	2月	3月	第一季度	4月	5月	6月	第二季度	7月	8月	9月	第三季度	10月	11月	12月	第四季度	全年*5
1#机组	H	购入使用电量*3	MW·h				(合计值)				(合计值)				(合计值)				(合计值)	(合计值)
	I	电网排放因子	tCO₂/(MW·h)				(缺省值)				(缺省值)				(缺省值)				(缺省值)	(缺省值)
	J=H×I	购入电力排放量*4	tCO₂				(计算值)				(计算值)				(计算值)				(计算值)	(计算值)
……																				

填报说明：

*1 如果机组数多于 1 个，应分别填报。

*2 如果购入使用电量无法分机组，可按机组数目平分。

*3 购入使用电量单位为 MW·h，四舍五入保留到小数点后三位。

*4 购入使用电力对应的排放量单位为 tCO_2，四舍五入保留到小数点后两位。

*5 至少提供下述必要的支撑材料：

a) 对于购入使用电量，提供每月电量原始记录；

b) 对于购入使用电量，提供每月电费结算凭证（如适用）。

附表 C.5　生产数据及排放量汇总表

机组*1		参数*2*3	单位	1月	2月	3月	第一季度	4月	5月	6月	第二季度	7月	8月	9月	第三季度	10月	11月	12月	第四季度	全年*4
1#机组	K	发电量	MW·h				（合计值）				（合计值）				（合计值）				（合计值）	（合计值）
	L	供电量	MW·h				（合计值）				（合计值）				（合计值）				（合计值）	（合计值）
	M	供热量	GJ				（合计值）				（合计值）				（合计值）				（合计值）	（合计值）
	N	供热比	%				（计算值）				（计算值）				（计算值）				（计算值）	（计算值）
	O	供电煤（气）耗（标态）	tce/（MW·h）或 10^4 m³/（MW·h）				（计算值）				（计算值）				（计算值）				（计算值）	（计算值）
	P	供热煤（气）耗（标态）	tce/GJ 或 10^4 m³/GJ				（计算值）				（计算值）				（计算值）				（计算值）	（计算值）
	Q	运行小时数	h				（合计值或计算值）				（合计值或计算值）				（合计值或计算值）				（合计值或计算值）	（合计值或计算值）
	R	负荷（出力）系数	%				（计算值）				（计算值）				（计算值）				（计算值）	（计算值）
	S	供电碳排放强度	tCO₂/（MW·h）				（计算值）				（计算值）				（计算值）				（计算值）	（计算值）
	T	供热碳排放强度	tCO₂/GJ				（计算值）				（计算值）				（计算值）				（计算值）	（计算值）

机组*1	参数*2*3	单位	1月	2月	3月	第一季度	4月	5月	6月	第二季度	7月	8月	9月	第三季度	10月	11月	12月	第四季度	全年*4
1#机组	$U=G+J$ 机组二氧化碳排放量	tCO_2				(计算值)				(计算值)				(计算值)				(计算值)	(计算值)
……	全部机组二氧化碳排放总量	tCO_2				(合计值)				(合计值)				(合计值)				(合计值)	(合计值)

填报说明：

*1 如果机组数多于1个，应分别填报。

*2 属于下列情况之一的，不作为厂用电扣除：

　a）新设备或大修后设备的烘炉、暖机、空载运行的电量；

　b）新设备在未正式移交生产前的带负荷试运行期间耗用的电量；

　c）计划大修以及基建、更改工程施工用的电量；

　d）发电机作调相机运行时耗用的电量；

　e）厂外运输用自备机车、船舶等耗用的电量；

　f）输配电用的升、降压变压器（不包括厂用变压器）、变波机、调相机等消耗的电量；

　g）非生产用（修配车间、副业、综合利用等）的电量。

*3 各参数按四舍五入保留小数位如下：

267

碳 排放权交易培训教材
TANPAIFANG QUAN JIAOYI PEIXUN JIAOCAI

位；

a) 电量单位为 MW·h，保留到小数点后三位；

b) 热量单位为 GJ，保留到小数点后两位；

c) 焓值单位为 kJ/kg，保留到小数点后两位；

d) 供热比以%表示，保留到小数点后两位，如 12.34%；

e) 供电煤（气）耗单位为 tce/（MW·h）或 10^4Nm^3/（MW·h），供热煤（气）耗单位为 tce/GJ 或 10^4Nm^3/GJ，均保留到小数点后三位；

f) 供电碳排放强度单位为 tCO_2/（MW·h），供热碳排放强度单位为 tCO_2/GJ，均保留到小数点后三位；

g) 机组二氧化碳排放量单位为 tCO_2，四舍五入保留整数。

*4 至少提供下述必要的支撑材料：

a) 对于各项生产数据，提供每月电厂技术经济报表或生产报表；

b) 对于各项生产数据，提供年度电厂技术经济报表或生产报表；

c) 对于按照标准要求计算的供电量，提供体现计算过程的 Excel 表；

d) 对于供热量涉及换算的，提供包括焓值相关参数的 Excel 计算表；

e) 对于按照标准要求计算的供热比，提供体现计算过程的 Excel 表；

f) 根据选取的供热比计算方法提供相关参数证据材料（如蒸汽量、给水量、蒸汽温度、蒸汽压力等）；

g) 对于运行小时数和负荷（出力）系数，提供体现计算过程的 Excel 表。

268

附表 C.6 低位发热量和单位热值含碳量的确定方式

机组	参数	月份	自行检测				委托检测					未实测
			检测设备	检测频次	设备校准频次	测定方法标准	委托机构名称	检测报告编号	检测日期	测定方法标准		缺省值
1#机组	低位发热量	1月										
		2月										
		3月										
		……										
	元素碳含量	1月										
		2月										
		3月										
		……										
……												

附录 D

数据质量控制计划要求

D.1 数据质量控制计划的版本及修订

版本号	制定（修订）内容	制定（修订）时间	备注

D.2 重点排放单位情况

1. 单位简介
（至少包括成立时间、所有权状况、法定代表人、组织机构图和厂区平面分布图）

2. 主营产品
（至少包括主营产品的名称及产品代码）

3. 主营产品及生产工艺
（至少包括每种产品的生产工艺流程图及工艺流程描述）

D.3 核算边界和主要排放设施描述

1. 核算边界的描述
（应包括核算边界所包含的装置、所对应的地理边界，组织单元和生产过程）

2. 主要排放设施

机组名称	设施类别	设施编号	设施名称	排放设施安装位置	是否纳入核算边界	备注说明
（1#机组）	（锅炉）	（MF 143）	（煤粉锅炉）	（二厂区第三车间东）	（是）	

（对于涉及化学反应的工艺须写明化学反应方程式，并在图中标明温室气体排放设施）

D.4 数据的确定方式

机组名称	参数名称	单位	数据的计算方法及获取方式*1		测量设备（适用于数据获取方式来源于实测值）					数据记录频次	数据缺失时的处理方式	数据获取负责部门
			获取方式*2	具体描述	测量设备及型号	测量设备安装位置	测量频次	测量设备精度	规定的测量设备校准频次			
1# 机组	二氧化碳排放量	tCO₂	计算值	机组二氧化碳排放量=机组化石燃料燃烧排放量+购入电力排放量								
	化石燃料燃烧排放量	tCO₂										
	燃煤消耗量	t										
	燃煤低位发热量	GJ/t										
	燃煤单位热值含碳量	tC/GJ										
	燃煤碳氧化率	%	缺省值	—	—	—	—	—	—	—	—	—
	燃油消耗量	t										
	燃油低位发热量	GJ/t										
	燃油单位热值含碳量	tC/GJ										
	燃油碳氧化率	%	缺省值	—	—	—	—	—	—	—	—	—
	燃气消耗量	10⁴Nm³										
	燃气低位发热量	GJ/10⁴Nm³										
	燃气单位热值含碳量	tC/GJ										
	燃气碳氧化率	%	缺省值	—	—	—	—	—	—	—	—	—

机组名称	参数名称	单位	数据的计算方法及获取方式		测量设备（适用于数据获取方式来源于实测值）					数据记录频次	数据缺失时的处理方式	数据获取负责部门
			获取方式	具体描述	测量设备及型号	测量设备安装位置	测量频次	测量设备精度	规定的测量设备校准频次			
	购入电力排放量	tCO$_2$	计算值									—
	购入使用电量	MW·h										
	电网排放因子	tCO$_2$/(MW·h)	缺省值	—	—	—	—	—	—	—	—	—
1#机组	发电量	MW·h										
	供电量	MW·h										
	供热量	GJ										
	供热比	%										
	供电煤耗	tce/(MW·h)										
	供电气耗	10^{4}Nm^3/(MW·h)										
	供热煤耗	tce/GJ										
	供热气耗	10^{4}Nm^3/GJ										
	运行小时数	h										
	负荷（出力）系数	%										
	供电碳排放强度	tCO$_2$/(MW·h)										
	供热碳排放强度	tCO$_2$/GJ										
	全部机组二氧化碳排放总量	tCO$_2$										
D.5 数据内部质量控制和质量保证相关规定												
至少包括本指南要求的内容												

填报说明：
*1 如果报告数据是由若干个参数通过一定的计算方法计算得出的，需要填写计算公式以及计算公式中的每一个参数的获取方式。
*2 方式类型型包括包括实测值、缺省值、计算值、其他。

附录 E

温室气体重点排放单位信息公开表

E.1 基本信息

重点排放单位名称	
统一社会信用代码	
排污许可证编号	
法定代表人姓名	
生产经营场所地址及邮政编码（省、市、县详细地址）	
行业分类	
纳入全国碳市场的行业子类	

E.2 机组及生产设施信息

	信息项	内容
1#机组*1	燃料类型	
	燃料名称	
	机组类型	
	装机容量（MW）	
	锅炉类型	
	汽轮机类型	
	汽轮机排汽冷却方式	
	负荷（出力）系数	
……		

E.3 低位发热量和单位热值含碳量的确定方式

机组	参数	月份	自行检测				委托检测				未实测
			检测设备	检测频次	设备校准频次	测定方法标准	委托机构名称	检测报告编号	检测日期	测定方法标准	缺省值
1#机组	低位发热量	××年1月									
		2月									
		3月									
		……									
	元素碳含量	××年1月									
		2月									
		3月									
		……									
……											

E.4 排放量信息

机组	排放类型	排放量/tCO$_2$
1#	化石燃料燃烧排放量	A
	购入使用电力排放量	B
	机组二氧化碳排放量	C=A+B
……	……	
全部机组二氧化碳排放总量		

E.5 生产经营变化情况

如适用，应包括：

a) 重点排放单位合并、分立、关停或搬迁情况；

b) 发电设施地理运营边界变化情况；

c) 主要生产运营系统关停或新增项目生产等情况；

d) 较上一年度变化，包括核算边界、排放源等变化情况。

e) 其他变化情况。

填报说明：

*1 按发电机组进行填报，如果机组数量多于1个，应分别显示。

《碳排放权登记管理规则（试行）》

第一章 总 则

第一条 为规范全国碳排放权登记活动,保护全国碳排放权交易市场各参与方的合法权益,维护全国碳排放权交易市场秩序,根据《碳排放权交易管理办法（试行)》,制定本规则。

第二条 全国碳排放权持有、变更、清缴、注销的登记及相关业务的监督管理,适用本规则。全国碳排放权注册登记机构（以下简称注册登记机构)、全国碳排放权交易机构（以下简称交易机构)、登记主体及其他相关参与方应当遵守本规则。

第三条 注册登记机构通过全国碳排放权注册登记系统(以下简称注册登记系统）对全国碳排放权的持有、变更、清缴和注销等实施集中统一登记。注册登记系统记录的信息是判断碳排放配额归属的最终依据。

第四条 重点排放单位以及符合规定的机构和个人,是全国碳排放权登记主体。

第五条 全国碳排放权登记应当遵循公开、公平、公正、安全和高效的原则。

第二章 账户管理

第六条 注册登记机构依申请为登记主体在注册登记系统中开立登记账户,该账户用于记录全国碳排放权的持有、变更、清缴和注销等信息。

第七条 每个登记主体只能开立一个登记账户。登记主体应当以本人或者本单位名义申请开立登记账户,不得冒用他人或者其他单位名义或者使用虚假证件开立登记账户。

第八条 登记主体申请开立登记账户时,应当根据注册登记机构有关规定提供申请材料，并确保相关申请材料真实、准确、完整、有效。委托他人或者其他单位代办的，还应当提供授权委托书等证明委托事项的必要材料。

第九条 登记主体申请开立登记账户的材料中应当包括登记主体基本信息、联系信息以及相关证明材料等。

第十条 注册登记机构在收到开户申请后，对登记主体提交相关材料进行形式审核，材料审核通过后 5 个工作日内完成账户开立并通知登记主体。

第十一条 登记主体下列信息发生变化时，应当及时向注册登记机构提交信息变更证明材料，办理登记账户信息变更手续：

（一）登记主体名称或者姓名；

（二）营业执照，有效身份证明文件类型、号码及有效期；

（三）法律法规、部门规章等规定的其他事项。

注册登记机构在完成信息变更材料审核后 5 个工作日内完成账户信息变更并通知登记主体。

联系电话、邮箱、通信地址等联系信息发生变化的，登记主体应当及时通过注册登记系统在登记账户中予以更新。

第十二条 登记主体应当妥善保管登记账户的用户名和密码等信息。登记主体登记账户下发生的一切活动均视为其本人或者本单位行为。

第十三条 注册登记机构定期检查登记账户使用情况，发现营业执照、有效身份证明文件与实际情况不符，或者发生变化且未按要求及时办理登记账户信息变更手续的，注册登记机构应当对有关不合格账户采取限制使用等措施，其中涉及交易活动的应当及时通知交易机构。

对已采取限制使用等措施的不合格账户，登记主体申请恢复使用的，应当向注册登记机构申请办理账户规范手续。能够规范为合格账户的，注册登记机构应当解除限制使用措施。

第十四条 发生下列情形的，登记主体或者依法承继其权利义务的主体应当提交相关申请材料，申请注销登记账户：

（一）法人以及非法人组织登记主体因合并、分立、依法被解散或者破产等

原因导致主体资格丧失;

（二）自然人登记主体死亡;

（三）法律法规、部门规章等规定的其他情况。

登记主体申请注销登记账户时,应当了结其相关业务。申请注销登记账户期间和登记账户注销后,登记主体无法使用该账户进行交易等相关操作。

第十五条　登记主体如对第十三条所述限制使用措施有异议,可以在措施生效后 15 个工作日内向注册登记机构申请复核;注册登记机构应当在收到复核申请后 10 个工作日内予以书面回复。

第三章　登　记

第十六条　登记主体可以通过注册登记系统查询碳排放配额持有数量和持有状态等信息。

第十七条　注册登记机构根据生态环境部制定的碳排放配额分配方案和省级生态环境主管部门确定的配额分配结果,为登记主体办理初始分配登记。

第十八条　注册登记机构应当根据交易机构提供的成交结果办理交易登记,根据经省级生态环境主管部门确认的碳排放配额清缴结果办理清缴登记。

第十九条　重点排放单位可以使用符合生态环境部规定的国家核证自愿减排量抵销配额清缴。用于清缴部分的国家核证自愿减排量应当在国家温室气体自愿减排交易注册登记系统注销,并由重点排放单位向注册登记机构提交有关注销证明材料。注册登记机构核验相关材料后,按照生态环境部相关规定办理抵销登记。

第二十条　登记主体出于减少温室气体排放等公益目的自愿注销其所持有的碳排放配额,注册登记机构应当为其办理变更登记,并出具相关证明。

第二十一条　碳排放配额以承继、强制执行等方式转让的,登记主体或者依法承继其权利义务的主体应当向注册登记机构提供有效的证明文件,注册登记机构审核后办理变更登记。

第二十二条　司法机关要求冻结登记主体碳排放配额的,注册登记机构应当予以配合；涉及司法扣划的，注册登记机构应当根据人民法院的生效裁判，对涉及登记主体被扣划部分的碳排放配额进行核验，配合办理变更登记并公告。

第四章　信息管理

第二十三条　司法机关和国家监察机关依照法定条件和程序向注册登记机构查询全国碳排放权登记相关数据和资料的，注册登记机构应当予以配合。

第二十四条　注册登记机构应当依照法律、行政法规及生态环境部相关规定建立信息管理制度，对涉及国家秘密、商业秘密的，按照相关法律法规执行。

第二十五条　注册登记机构应当与交易机构建立管理协调机制，实现注册登记系统与交易系统的互通互联，确保相关数据和信息及时、准确、安全、有效交换。

第二十六条　注册登记机构应当建设灾备系统，建立灾备管理机制和技术支撑体系，确保注册登记系统和交易系统数据、信息安全，实现信息共享与交换。

第五章　监督管理

第二十七条　生态环境部加强对注册登记机构和注册登记活动的监督管理，可以采取询问注册登记机构及其从业人员、查阅和复制与登记活动有关的信息资料，以及法律法规规定的其他措施等进行监管。

第二十八条　各级生态环境主管部门及其相关直属业务支撑机构工作人员，注册登记机构、交易机构、核查技术服务机构及其工作人员，不得持有碳排放配额。已持有碳排放配额的，应当依法予以转让。

任何人在成为前款所列人员时，其本人已持有或者委托他人代为持有的碳排放配额，应当依法转让并办理完成相关手续，向供职单位报告全部转让相关信息并备案在册。

第二十九条　注册登记机构应当妥善保存登记的原始凭证及有关文件和资料，保存期限不得少于20年，并进行凭证电子化管理。

第六章　附　则

第三十条　注册登记机构可以根据本规则制定登记业务规则等实施细则。

第三十一条　本规则自公布之日起施行。

《碳排放权交易管理规则（试行）》

第一章 总 则

第一条 为规范全国碳排放权交易，保护全国碳排放权交易市场各参与方的合法权益，维护全国碳排放权交易市场秩序，根据《碳排放权交易管理办法（试行）》，制定本规则。

第二条 本规则适用于全国碳排放权交易及相关服务业务的监督管理。全国碳排放权交易机构（以下简称交易机构）、全国碳排放权注册登记机构（以下简称注册登记机构）、交易主体及其他相关参与方应当遵守本规则。

第三条 全国碳排放权交易应当遵循公开、公平、公正和诚实信用的原则。

第二章 交 易

第四条 全国碳排放权交易主体包括重点排放单位以及符合国家有关交易规则的机构和个人。

第五条 全国碳排放权交易市场的交易产品为碳排放配额，生态环境部可以根据国家有关规定适时增加其他交易产品。

第六条 碳排放权交易应当通过全国碳排放权交易系统进行，可以采取协议转让、单向竞价或者其他符合规定的方式。

协议转让是指交易双方协商达成一致意见并确认成交的交易方式，包括挂牌协议交易及大宗协议交易。其中，挂牌协议交易是指交易主体通过交易系统提交卖出或者买入挂牌申报，意向受让方或者出让方对挂牌申报进行协商并确认成交的交易方式。大宗协议交易是指交易双方通过交易系统进行报价、询价并确认成交的交易方式。

单向竞价是指交易主体向交易机构提出卖出或买入申请，交易机构发布竞价公告，多个意向受让方或者出让方按照规定报价，在约定时间内通过交易系统成交的交易方式。

第七条　交易机构可以对不同交易方式设置不同交易时段，具体交易时段的设置和调整由交易机构公布后报生态环境部备案。

第八条　交易主体参与全国碳排放权交易，应当在交易机构开立实名交易账户，取得交易编码，并在注册登记机构和结算银行分别开立登记账户和资金账户。每个交易主体只能开设一个交易账户。

第九条　碳排放配额交易以"每吨二氧化碳当量价格"为计价单位，买卖申报量的最小变动计量为 1 吨二氧化碳当量，申报价格的最小变动计量为 0.01 元人民币。

第十条　交易机构应当对不同交易方式的单笔买卖最小申报数量及最大申报数量进行设定，并可以根据市场风险状况进行调整。单笔买卖申报数量的设定和调整，由交易机构公布后报生态环境部备案。

第十一条　交易主体申报卖出交易产品的数量，不得超出其交易账户内可交易数量。交易主体申报买入交易产品的相应资金，不得超出其交易账户内的可用资金。

第十二条　碳排放配额买卖的申报被交易系统接受后即刻生效，并在当日交易时间内有效，交易主体交易账户内相应的资金和交易产品即被锁定。未成交的买卖申报可以撤销。如未撤销，未成交申报在该日交易结束后自动失效。

第十三条　买卖申报在交易系统成交后，交易即告成立。符合本规则达成的交易于成立时即告交易生效，买卖双方应当承认交易结果，履行清算交收义务。依照本规则达成的交易，其成交结果以交易系统记录的成交数据为准。

第十四条　已买入的交易产品当日内不得再次卖出。卖出交易产品的资金可以用于该交易日内的交易。

第十五条　交易主体可以通过交易机构获取交易凭证及其他相关记录。

第十六条　碳排放配额的清算交收业务，由注册登记机构根据交易机构提供的成交结果按规定办理。

第十七条 交易机构应当妥善保存交易相关的原始凭证及有关文件和资料，保存期限不得少于 20 年。

第三章 风险管理

第十八条 生态环境部可以根据维护全国碳排放权交易市场健康发展的需要，建立市场调节保护机制。当交易价格出现异常波动触发调节保护机制时，生态环境部可以采取公开市场操作、调节国家核证自愿减排量使用方式等措施，进行必要的市场调节。

第十九条 交易机构应建立风险管理制度，并报生态环境部备案。

第二十条 交易机构实行涨跌幅限制制度。

交易机构应当设定不同交易方式的涨跌幅比例，并可以根据市场风险状况对涨跌幅比例进行调整。

第二十一条 交易机构实行最大持仓量限制制度。

交易机构对交易主体的最大持仓量进行实时监控，注册登记机构应当对交易机构实时监控提供必要支持。

交易主体交易产品持仓量不得超过交易机构规定的限额。

交易机构可以根据市场风险状况，对最大持仓量限额进行调整。

第二十二条 交易机构实行大户报告制度。

交易主体的持仓量达到交易机构规定的大户报告标准的，交易主体应当向交易机构报告。

第二十三条 交易机构实行风险警示制度。交易机构可以采取要求交易主体报告情况、发布书面警示和风险警示公告、限制交易等措施，警示和化解风险。

第二十四条 交易机构应当建立风险准备金制度。风险准备金是指由交易机构设立，用于为维护碳排放权交易市场正常运转提供财务担保和弥补不可预见风险带来的亏损的资金。风险准备金应当单独核算，专户存储。

第二十五条 交易机构实行异常交易监控制度。交易主体违反本规则或者交易机构业务规则、对市场正在产生或者将产生重大影响的，交易机构可以对该交易主体采取以下临时措施：

（一）限制资金或者交易产品的划转和交易；

（二）限制相关账户使用。

上述措施涉及注册登记机构的，应当及时通知注册登记机构。

第二十六条　因不可抗力、不可归责于交易机构的重大技术故障等原因导致部分或者全部交易无法正常进行的，交易机构可以采取暂停交易措施。

导致暂停交易的原因消除后，交易机构应当及时恢复交易。

第二十七条　交易机构采取暂停交易、恢复交易等措施时，应当予以公告，并向生态环境部报告。

第四章　信息管理

第二十八条　交易机构应建立信息披露与管理制度，并报生态环境部备案。交易机构应当在每个交易日发布碳排放配额交易行情等公开信息，定期编制并发布反映市场成交情况的各类报表。

根据市场发展需要，交易机构可以调整信息发布的具体方式和相关内容。

第二十九条　交易机构应当与注册登记机构建立管理协调机制，实现交易系统与注册登记系统的互通互联，确保相关数据和信息及时、准确、安全、有效交换。

第三十条　交易机构应当建立交易系统的灾备系统，建立灾备管理机制和技术支撑体系，确保交易系统和注册登记系统数据、信息安全。

第三十一条　交易机构不得发布或者串通其他单位和个人发布虚假信息或者误导性陈述。

第五章　监督管理

第三十二条　生态环境部加强对交易机构和交易活动的监督管理，可以采取询问交易机构及其从业人员、查阅和复制与交易活动有关的信息资料、以及法律法规规定的其他措施等进行监管。

第三十三条 全国碳排放权交易活动中，涉及交易经营、财务或者对碳排放配额市场价格有影响的尚未公开的信息及其他相关信息内容，属于内幕信息。禁止内幕信息的知情人、非法获取内幕信息的人员利用内幕信息从事全国碳排放权交易活动。

第三十四条 禁止任何机构和个人通过直接或者间接的方法，操纵或者扰乱全国碳排放权交易市场秩序、妨碍或者有损公正交易的行为。因为上述原因造成严重后果的交易，交易机构可以采取适当措施并公告。

第三十五条 交易机构应当定期向生态环境部报告的事项包括交易机构运行情况和年度工作报告、经会计师事务所审计的年度财务报告、财务预决算方案、重大开支项目情况等。

交易机构应当及时向生态环境部报告的事项包括交易价格出现连续涨跌停或者大幅波动、发现重大业务风险和技术风险、重大违法违规行为或者涉及重大诉讼、交易机构治理和运行管理等出现重大变化等。

第三十六条 交易机构对全国碳排放权交易相关信息负有保密义务。交易机构工作人员应当忠于职守、依法办事，除用于信息披露的信息之外，不得泄露所知悉的市场交易主体的账户信息和业务信息等。交易系统软硬件服务提供者等全国碳排放权交易或者服务参与、介入相关主体不得泄露全国碳排放权交易或者服务中获取的商业秘密。

第三十七条 交易机构对全国碳排放权交易进行实时监控和风险控制，监控内容主要包括交易主体的交易及其相关活动的异常业务行为，以及可能造成市场风险的全国碳排放权交易行为。

第六章　争议处置

第三十八条 交易主体之间发生有关全国碳排放权交易的纠纷，可以自行协商解决，也可以向交易机构提出调解申请，还可以依法向仲裁机构申请仲裁或者向人民法院提起诉讼。

交易机构与交易主体之间发生有关全国碳排放权交易的纠纷，可以自行协商解决，也可以依法向仲裁机构申请仲裁或者向人民法院提起诉讼。

　　第三十九条　申请交易机构调解的当事人，应当提出书面调解申请。交易机构的调解意见，经当事人确认并在调解意见书上签章后生效。

　　第四十条　交易机构和交易主体，或者交易主体间发生交易纠纷的，当事人均应当记录有关情况，以备查阅。交易纠纷影响正常交易的，交易机构应当及时采取止损措施。

第七章　附　则

　　第四十一条　交易机构可以根据本规则制定交易业务规则等实施细则。
　　第四十二条　本规则自公布之日起施行。

《碳排放权结算管理规则（试行）》

第一章　总　则

第一条　为规范全国碳排放权交易的结算活动,保护全国碳排放权交易市场各参与方的合法权益,维护全国碳排放权交易市场秩序,根据《碳排放权交易管理办法（试行）》,制定本规则。

第二条　本规则适用于全国碳排放权交易的结算监督管理。全国碳排放权注册登记机构（以下简称注册登记机构）、全国碳排放权交易机构（以下简称交易机构）、交易主体及其他相关参与方应当遵守本规则。

第三条　注册登记机构负责全国碳排放权交易的统一结算,管理交易结算资金,防范结算风险。

第四条　全国碳排放权交易的结算应当遵守法律、行政法规、国家金融监管的相关规定以及注册登记机构相关业务规则等,遵循公开、公平、公正、安全和高效的原则。

第二章　资金结算账户管理

第五条　注册登记机构应当选择符合条件的商业银行作为结算银行,并在结算银行开立交易结算资金专用账户,用于存放各交易主体的交易资金和相关款项。

注册登记机构对各交易主体存入交易结算资金专用账户的交易资金实行分账管理。

注册登记机构与交易主体之间的业务资金往来,应当通过结算银行所开设的专用账户办理。

第六条　注册登记机构应与结算银行签订结算协议,依据中国人民银行等有关主管部门的规定和协议约定,保障各交易主体存入交易结算资金专用账户的交易资金安全。

第三章　结　算

第七条　在当日交易结束后,注册登记机构应当根据交易系统的成交结果,按照货银对付的原则,以每个交易主体为结算单位,通过注册登记系统进行碳排放配额与资金的逐笔全额清算和统一交收。

第八条　当日完成清算后,注册登记机构应当将结果反馈给交易机构。经双方确认无误后,注册登记机构根据清算结果完成碳排放配额和资金的交收。

第九条　当日结算完成后,注册登记机构向交易主体发送结算数据。如遇到特殊情况导致注册登记机构不能在当日发送结算数据的,注册登记机构应及时通知相关交易主体,并采取限制出入金等风险管控措施。

第十条　交易主体应当及时核对当日结算结果,对结算结果有异议的,应在下一交易日开市前,以书面形式向注册登记机构提出。交易主体在规定时间内没有对结算结果提出异议的,视作认可结算结果。

第四章　监督与风险管理

第十一条　注册登记机构针对结算过程采取以下监督措施:

(一)专岗专人。根据结算业务流程分设专职岗位,防范结算操作风险。

(二)分级审核。结算业务采取两级审核制度,初审负责结算操作及银行间头寸划拨的准确性、真实性和完整性,复审负责结算事项的合法合规性。

(三)信息保密。注册登记机构工作人员应当对结算情况和相关信息严格保密。

第十二条　注册登记机构应当制定完善的风险防范制度,构建完善的技术系统和应急响应程序,对全国碳排放权结算业务实施风险防范和控制。

第十三条　注册登记机构建立结算风险准备金制度。结算风险准备金由注册登记机构设立,用于垫付或者弥补因违约交收、技术故障、操作失误、不可抗力

等造成的损失。风险准备金应当单独核算,专户存储。

第十四条 注册登记机构应当与交易机构相互配合,建立全国碳排放权交易结算风险联防联控制度。

第十五条 当出现以下情形之一的,注册登记机构应当及时发布异常情况公告,采取紧急措施化解风险:

(一)因不可抗力、不可归责于注册登记机构的重大技术故障等原因导致结算无法正常进行;

(二)交易主体及结算银行出现结算、交收危机,对结算产生或者将产生重大影响。

第十六条 注册登记机构实行风险警示制度。注册登记机构认为有必要的,可以采取发布风险警示公告,或者采取限制账户使用等措施,以警示和化解风险,涉及交易活动的应当及时通知交易机构。

出现下列情形之一的,注册登记机构可以要求交易主体报告情况,向相关机构或者人员发出风险警示并采取限制账户使用等处置措施:

(一)交易主体碳排放配额、资金持仓量变化波动较大;

(二)交易主体的碳排放配额被法院冻结、扣划的;

(三)其他违反国家法律、行政法规和部门规章规定的情况。

第十七条 提供结算业务的银行不得参与碳排放权交易。

第十八条 交易主体发生交收违约的,注册登记机构应当通知交易主体在规定期限内补足资金,交易主体未在规定时间内补足资金的,注册登记机构应当使用结算风险准备金或自有资金予以弥补,并向违约方追偿。

第十九条 交易主体涉嫌重大违法违规,正在被司法机关、国家监察机关和生态环境部调查的,注册登记机构可以对其采取限制登记账户使用的措施,其中涉及交易活动的应当及时通知交易机构,经交易机构确认后采取相关限制措施。

第五章　附　则

第二十条 清算:是指按照确定的规则计算碳排放权和资金的应收应付数额

的行为。

交收：是指根据确定的清算结果，通过变更碳排放权和资金履行相关债权债务的行为。

头寸：指的是银行当前所有可以运用的资金的总和，主要包括在中国人民银行的超额准备金、存放同业清算款项净额、银行存款以及现金等部分。

第二十一条　注册登记机构可以根据本规则制定结算业务规则等实施细则。

第二十二条　本规则自公布之日起施行。

附录2 中国应对气候变化及电力低碳发展主要法规政策一览表

序号	文件名称	发布单位	文号
1	《全国人大常委会关于积极应对气候变化的决议》	全国人民代表大会常务委员会	—
2	《关于支持海南全面深化改革开放的指导意见》	中共中央、国务院	—
3	《关于进一步深化电力体制改革的若干意见》	中共中央、国务院	中发〔2015〕9号
4	《生态环境部职能配置、内设机构和人员编制规定》	中共中央办公厅、国务院办公厅	厅字〔2018〕70号
5	《中华人民共和国气候变化第一次两年更新报告》	中国政府	—
6	《国务院关于印发2030年前碳达峰行动方案的通知》	国务院	国发〔2021〕23号
7	《中共中央 国务院关于完整准确全面贯彻新发展理念做好碳达峰碳中和工作的意见》	国务院	—
8	《国务院关于加快建立健全绿色低碳循环发展经济体系的指导意见》	国务院	国发〔2021〕4号
9	《国务院关于印发打赢蓝天保卫战三年行动计划的通知》	国务院	国发〔2018〕22号
10	《国务院关于落实〈政府工作报告〉重点工作部门分工的意见》	国务院	国发〔2018〕9号
11	《国务院关于部委管理的国家局设置的通知》	国务院	国发〔2018〕7号
12	《国务院关于印发"十三五"节能减排综合工作方案的通知》	国务院	国发〔2016〕74号
13	《国务院关于印发"十三五"生态环境保护规划的通知》	国务院	国发〔2016〕65号
14	《关于印发"十三五"控制温室气体排放工作方案的通知》	国务院	国发〔2016〕61号

序号	文件名称	发布单位	文号
15	《关于应对气候变化工作情况的报告》	国务院	—
16	《国务院关于印发"十二五"控制温室气体排放工作方案的通知》	国务院	国发〔2011〕41 号
17	《国务院关于印发中国应对气候变化国家方案的通知》	国务院	国发〔2007〕17 号
18	《国务院办公厅关于调整国家应对气候变化及节能减排工作领导小组组成人员的通知》	国务院办公厅	国办发〔2018〕66 号
19	《国务院办公厅关于转发财政部、国务院扶贫办、国家发展改革委扶贫项目资金绩效管理办法的通知》	国务院办公厅	国办发〔2018〕35 号
20	《国家发展改革委 国家能源局关于开展全国煤电机组改造升级的通知》	国家发展改革委、国家能源局	发改运行〔2021〕1519 号
21	《生态环境部关于发布〈碳排放权登记管理规则（试行）〉〈碳排放权交易管理规则（试行）〉和〈碳排放权结算管理规则（试行）〉的公告》	生态环境部	生态环境部公告 2021 年 第 21 号
22	《生态环境部关于加强企业温室气体排放报告管理相关工作的通知》	生态环境部办公厅	环办气候〔2021〕9 号
23	《关于印发〈企业温室气体排放报告核查指南（试行）〉的通知》	生态环境部办公厅	环办气候函〔2021〕130 号
24	《生态环境部关于统筹和加强应对气候变化与生态环境保护相关工作的指导意见》	生态环境部	环综合〔2021〕4 号
25	《碳排放权交易管理办法（试行）》	生态环境部	生态环境部令 第 19 号
26	《生态环境部关于印发〈2019—2020 年全国碳排放权交易配额总量设定与分配实施方案（发电行业）〉〈纳入 2019—2020 年全国碳排放权交易配额管理的重点排放单位名单〉并做好发电行业配额预分配工作的通知》	生态环境部	国环规气候〔2020〕3 号
27	《关于促进应对气候变化投融资的指导意见》	生态环境部、国家发展改革委、中国人民银行、中国银行保险监督管理委员会、中国证券监督管理委员会	环气候〔2020〕57 号

序号	文件名称	发布单位	文号
28	《关于做好 2019 年度碳排放报告与核查及发电行业重点排放单位名单报送相关工作的通知》	生态环境部办公厅	环办气候函〔2019〕943 号
29	《关于发布〈大型活动碳中和实施指南（试行）〉的公告》	生态环境部	生态环境部公告2019 年　第 19 号
30	《中国应对气候变化的政策与行动 2018 年度报告》	生态环境部	—
31	《生态环境部关于发布排污许可证承诺书样本、排污许可证申请表和排污许可证格式的通知》	生态环境部	环规财〔2018〕80 号
32	《关于印发〈生态环境部贯彻落实全国人民代表大会常务委员会关于全面加强生态环境保护依法推动打好污染防治攻坚战的决议实施方案〉的通知》	生态环境部	环厅〔2018〕70 号
33	《生态环境部关于印发〈2018—2019 年蓝天保卫战重点区域强化督查方案〉的通知》	生态环境部	环环监〔2018〕48 号
34	《关于印发〈京津冀及周边地区 2018—2019 年秋冬季大气污染综合治理攻坚行动方案〉的通知》	生态环境部、国家发展改革委、工信部等12 个部门	环大气〔2018〕100 号
35	《关于公布〈公民生态环境行为规范（试行）〉的公告》	生态环境部、中央文明办、教育部、共青团中央、全国妇联	生态环境部公告2018 年　第 12 号
36	《关于发布〈环境空气质量标准〉（GB 3095—2012）修改单的公告》	生态环境部	生态环境部公告2018 年　第 29 号
37	《生态环境部办公厅关于印发〈生态环境监测质量监督检查三年行动计划（2018—2020 年）〉的通知》	生态环境部办公厅	环办监测函〔2018〕793 号
38	《关于印发〈清洁生产审核评估与验收指南〉的通知》	生态环境部办公厅、国家发展改革委办公厅	环办科技〔2018〕5 号
39	《关于加快建立绿色生产和消费法规政策体系的意见》的通知	国家发展改革委司法部	发改环资〔2020〕379 号

序号	文件名称	发布单位	文号
40	《国家发展改革委　国家能源局关于印发〈清洁能源消纳行动计划（2018—2020年）〉的通知》	国家发展改革委、国家能源局	发改能源规〔2018〕1575号
41	《国家发展改革委　国家能源局关于积极推进电力市场化交易进一步完善交易机制的通知》	国家发展改革委、国家能源局	发改运行〔2018〕1027号
42	《国家发展改革委关于创新和完善促进绿色发展价格机制的意见》	国家发展改革委	发改价格规〔2018〕943号
43	《关于2018年光伏发电有关事项的通知》	国家发展改革委、财政部、国家能源局	发改能源〔2018〕823号
44	《关于做好2018年重点领域化解过剩产能工作的通知》	国家发展改革委、工信部、国家能源局、财政部、人力资源社会保障部、国务院国资委	发改运行〔2018〕554号
45	《国家发展改革委　国家能源局关于提升电力系统调节能力的指导意见》	国家发展改革委、国家能源局	发改能源〔2018〕364号
46	《2017年度电网企业实施电力需求侧管理目标责任完成情况》	国家发展改革委	国家发展和改革委员会公告 2018年　第10号
47	《重点用能单位节能管理办法》	国家发展改革委、科学技术部、中国人民银行、国务院国有资产监督管理委员会、国家质量监督检验检疫总局、国家统计局、中国证券监督管理委员会	中华人民共和国国家发展和改革委员会、中华人民共和国科学技术部、中国人民银行、国务院国有资产监督管理委员会、国家质量监督检验检疫总局、国家统计局、中国证券监督管理委员会令第15号
48	《国家发展改革委关于2018年光伏发电项目价格政策的通知》	国家发展改革委	发改价格规〔2017〕2196号
49	《国家发展改革委关于印发〈全国碳排放权交易市场建设方案（发电行业）〉的通知》	国家发展改革委	发改气候规〔2017〕2191号

序号	文件名称	发布单位	文号
50	《国家发展改革委　国家能源局关于印发〈解决弃水弃风弃光问题实施方案〉的通知》	国家发展改革委、国家能源局	发改能源〔2017〕1942号
51	《关于全面深化价格机制改革的意见》	国家发展改革委	发改价格〔2017〕1941号
52	《关于深入推进供给侧结构性改革做好新形势下电力需求侧管理工作的通知》	国家发展改革委等六部委	发改运行规〔2017〕1690号
53	《印发〈关于推进供给侧结构性改革防范化解煤电产能过剩风险的意见〉的通知》	国家发展改革委等16个部委	发改能源〔2017〕1404号
54	《国家发展改革委　财政部　国家能源局关于试行可再生能源绿色电力证书核发及自愿认购交易制度的通知》	国家发展改革委、财政部、国家能源局	发改能源〔2017〕132号
55	《国家发展改革委关于开展第三批国家低碳城市试点工作的通知》	国家发展改革委	发改气候〔2017〕66号
56	《国家重点节能低碳技术推广目录》（2017年本低碳部分）	国家发展改革委	国家发展和改革委员会公告 2017年　第3号
57	《中国应对气候变化的政策与行动（2008—2021年度）报告》	国家发展改革委	—
58	《国家发展改革委关于调整光伏发电陆上风电标杆上网电价的通知》	国家发展改革委	发改价格〔2016〕2729号
59	《国家发展改革委关于印发〈可再生能源发展"十三五"规划〉的通知》	国家发展改革委	发改能源〔2016〕2619号
60	《国家发展改革委　国家能源局关于印发〈能源生产和消费革命战略（2016—2030）〉的通知》	国家发展改革委、国家能源局	发改基础〔2016〕2795号
61	《关于印发能源发展"十三五"规划的通知》	国家发展改革委、国家能源局	发改能源〔2016〕2744号
62	《关于实施光伏发电扶贫工作的意见》	国家发展改革委	发改能源〔2016〕621号
63	《国家重点节能低碳技术推广目录》（2016年本，节能部分）	国家发展改革委	国家发展和改革委员会公告 2016年　第30号
64	《电力发展"十三五"规划（2016—2020年）》	国家发展改革委、国家能源局	—

序号	文件名称	发布单位	文号
65	《国家重点推广的低碳技术目录》（第二批）	国家发展改革委	国家发展和改革委员会公告 2015 年 第 31 号
66	《国家发展改革委关于印发〈单位国内生产总值二氧化碳排放降低目标责任考核评估办法〉的通知》	国家发展改革委	发改气候〔2014〕1828 号
67	《国家发展改革委关于印发国家应对气候变化规划（2014—2020 年）的通知》	国家发展改革委	发改气候〔2014〕2347 号
68	《国家发展改革委关于开展低碳社区试点工作的通知》	国家发展改革委	发改气候〔2014〕489 号
69	《国家发展改革委关于印发〈节能低碳技术推广管理暂行办法〉的通知》	国家发展改革委	发改环资〔2014〕19 号
70	《碳排放权交易管理暂行办法》	国家发展改革委	国家发展和改革委员会公告 2014 年 第 17 号
71	《国家重点推广的低碳技术目录》	国家发展改革委	国家发展和改革委员会公告 2014 年 第 13 号
72	《关于印发国家适应气候变化战略的通知》	国家发展改革委等	发改气候〔2013〕2252 号
73	《国家发展改革委 国家统计局印发关于加强应对气候变化统计工作的意见的通知》	国家发展改革委、国家统计局	发改气候〔2013〕937 号
74	《国家发展改革委关于推动碳捕集、利用和封存试验示范的通知》	国家发展改革委	发改气候〔2013〕849 号
75	《国家发展改革委 国家认监委关于印发〈低碳产品认证管理暂行办法〉的通知》	国家发展改革委、国家认监委	发改气候〔2013〕279 号
76	《温室气体自愿减排交易管理暂行办法》	国家发展改革委	发改气候〔2012〕1668 号
77	《关于开展低碳省区和低碳城市试点工作的通知》	国家发展改革委	发改气候〔2010〕1587 号
78	《国家发展改革委办公厅关于发布节能自愿承诺用能单位名单的通知》	国家发展改革委办公厅	发改办环资〔2017〕2178 号
79	《国家发展改革委办公厅 国家能源局综合司关于开展分布式发电市场化交易试点的补充通知》	国家发展改革委办公厅、国家能源局综合司	发改办能源〔2017〕2150 号

序号	文件名称	发布单位	文号
80	《国家发展改革委办公厅关于切实做好全国碳排放权交易市场启动重点工作的通知》	国家发展改革委办公厅	发改办气候〔2016〕57 号
81	《中国发电企业温室气体排放核算方法与报告指南（试行)》	国家发展改革委办公厅	发改办气候〔2013〕2526 号
82	《国家发展改革委办公厅关于开展碳排放权交易试点工作的通知》	国家发展改革委办公厅	发改办气候〔2011〕2601 号
83	《关于印发 2018 年各省（区、市）煤电超低排放和节能改造目标任务的通知》	国家能源局、生态环境部	国能发电力〔2018〕65 号
84	《国家能源局关于印发可再生能源发电利用统计报表制度的通知》	国家能源局	国能规划〔2018〕61 号
85	《国家能源局关于 2018 年度风电建设管理有关要求的通知》	国家能源局	国能发新能〔2018〕47 号
86	《国家能源局关于推进太阳能热发电示范项目建设有关事项的通知》	国家能源局	国能发新能〔2018〕46 号
87	《国家能源局关于发布 2021 年煤电规划建设风险预警的通知》	国家能源局	国能发电力〔2018〕44 号
88	《国家能源局关于 2017 年度全国可再生能源电力发展监测评价的通报》	国家能源局	国能发新能〔2018〕43 号
89	《国家能源局关于进一步支持贫困地区能源发展助推脱贫攻坚行动方案（2018—2020 年）的通知》	国家能源局	国能发规划〔2018〕42 号
90	《国家能源局关于减轻可再生能源领域企业负担有关事项的通知》	国家能源局	国能发新能〔2018〕34 号
91	《国家能源局关于印发〈分散式风电项目开发建设暂行管理办法〉的通知》	国家能源局	国能发新能〔2018〕30 号
92	《国家能源局 国务院扶贫办关于印发〈光伏扶贫电站管理办法〉的通知》	国家能源局、国务院扶贫办	国能发新能〔2018〕29 号
93	《国家能源局关于发布 2018 年度风电投资监测预警结果的通知》	国家能源局	国能发新能〔2018〕23 号
94	《国家能源局关于印发 2018 年能源工作指导意见的通知》	国家能源局	国能发规划〔2018〕22 号
95	《国家能源局关于建立清洁能源示范省（区）监测评价体系（试行）的通知》	国家能源局	国能发新能〔2018〕9 号

序号	文件名称	发布单位	文号
96	《国家能源局　国务院扶贫办关于下达"十三五"第一批光伏扶贫项目计划的通知》	国家能源局、国务院扶贫办	国能发新能〔2017〕91 号
97	《国家能源局关于 2017 年光伏发电领跑基地建设有关事项的通知》	国家能源局	国能发新能〔2017〕88 号
98	《国家能源局关于建立市场环境监测评价机制引导光伏产业健康有序发展的通知》	国家能源局	国能发新能〔2017〕79 号
99	《国家能源局关于加快推进分散式接入风电项目建设有关要求的通知》	国家能源局	国能发新能〔2017〕3 号）
100	《国家能源局关于印发〈太阳能发展"十三五"规划的通知〉》	国家能源局	国能新能〔2016〕354 号
101	《国家能源局关于印发〈风电发展"十三五"规划的通知〉》	国家能源局	国能新能〔2016〕314 号
102	《国家能源局关于印发〈生物质能发展"十三五"规划的通知〉》	国家能源局	国能新能〔2016〕291 号
103	《国家能源局　国务院扶贫办关于印发实施光伏扶贫工程工作方案的通知》	国家能源局、国务院扶贫办	国能新能〔2014〕447 号
104	《国家能源局关于发布 2017 年度光伏发电市场环境监测评价结果的通知》	国家能源局	国能发新能〔2017〕79 号
105	《国家能源局关于印发〈电力安全生产行动计划（2018—2020 年）〉的通知》	国家能源局	国能发安全〔2018〕55 号
106	《国家能源局关于印发 2017 年能源工作指导意见的通知》	国家能源局	国能规划〔2017〕46 号
107	《国家能源局关于印发〈国家能源局 2017 年市场监管工作要点〉的通知》	国家能源局	国能监管〔2017〕81 号
108	《国家能源局关于公布光伏发电领跑基地名单及落实有关要求的通知》	国家能源局	国能发新能〔2017〕76 号
109	《国家能源局关于推进光伏发电"领跑者"计划实施和 2017 年领跑基地建设有关要求的通知》	国家能源局	国能发新能〔2017〕54 号
110	《国家能源局综合司关于印发〈清洁能源消纳情况 综合监管工作方案〉的通知》	国家能源局综合司	国能综通监管〔2021〕28 号

序号	文件名称	发布单位	文号
111	《国家能源局综合司关于做好光伏发电相关工作的紧急通知》	国家能源局综合司	国能综通新能〔2018〕93 号
112	《国家能源局综合司关于印发〈国家能源局 2018 年市场监管工作要点〉的通知》	国家能源局综合司	国能综通监管〔2018〕48 号
113	《国家能源局综合司关于开展光伏发电专项监管工作的通知》	国家能源局综合司	国能综通监管〔2018〕11 号
114	《财政部关于印发〈碳排放权交易有关会计处理暂行规定〉的通知》	财政部	财会〔2019〕22 号
115	《关于调整完善新能源汽车推广应用财政补贴政策的通知》	财政部、工业和信息化部、科技厅（局、科委）、国家发展改革委	财建〔2018〕18 号
116	《关于组织开展新能源汽车动力蓄电池回收利用试点工作的通知》	工业和信息化部、科技部、环境保护部、交通运输部、商务部、质检总局、国家能源局	工信部联节函〔2018〕68 号
117	《关于印发〈智能光伏产业发展行动计划（2018—2020 年）〉的通知》	工业和信息化部部、住房和城乡建设部、交通运输部、农业农村部、国家能源局、国务院扶贫办	工信部联电子〔2018〕68 号
118	《光伏制造行业规范条件（2018 年本）》	工业和信息化部	工业和信息化部公告 2018 年　第 2 号
119	《中英气候变化联合声明》（2014 年 6 月 17 日）	—	—
120	《中美气候变化联合声明》（2014 年 11 月 12 日）	—	—
121	《中印气候变化联合声明》（2015 年 5 月 15 日）	—	—
122	《中欧气候变化联合声明》（2015 年 6 月 30 日）	—	—
123	《中美元首气候变化联合声明》（2015 年 9 月 25 日）	—	—

序号	文件名称	发布单位	文号
124	《中法元首气候变化联合声明》（2015 年 11 月 2 日）	—	—
125	《强化应对气候变化行动——中国国家自主贡献》（2015 年 6 月 30 日）	—	—
126	《工业企业温室气体排放核算和报告通则》	国家质量监督检验检疫总局、国家标准化管理委员会	GB/T 32150—2015
127	《温室气体排放核算与报告要求　第1部分：发电企业》	国家质量监督检验检疫总局、国家标准化管理委员会	GB/T 32151.1—2015
128	《温室气体排放核算与报告要求　第2部分：电网企业》	国家质量监督检验检疫总局、国家标准化管理委员会	GB/T 32151.2—2015
129	《热电联产单位产品能源消耗限额》	质量监督检验检疫总局、中国国家标准化管理委员会	GB 35574—2017
130	《常规燃煤发电机组单位产品能源消耗限额》	国家质量监督检验检疫总局、国家标准化管理委员会工业	GB 21258—2017
131	《燃煤电厂二氧化碳排放统计指标体系》	国家能源局	DL/T 1328—2014

附录3　企业温室气体排放报告模板

企业温室气体排放报告

发电设施

重点排放单位（盖章）：

报告年度：

编制日期：

根据生态环境部发布的《企业温室气体核算方法与报告指南发电设施（2021年修订版）》等相关要求，本单位核算了年度温室气体排放量并填写了如下表格：

附表 C.1　重点排放单位基本信息

附表 C.2　机组及生产设施信息

附表 C.3　化石燃料燃烧排放表

附表 C.4　购入使用电力排放表

附表 C.5　生产数据及排放量汇总表

附表 C.6　低位发热量和单位热值含碳量的确定方式

声　明

本单位对本报告的真实性、完整性、准确性负责。如本报告中的信息及支撑材料与实际情况不符，本单位愿承担相应的法律责任，并承担由此产生的一切后果。

特此声明。

法定代表人（或授权代表）：

重点排放单位（盖章）：

年/月/日

附表 C.1 重点排放单位基本信息

重点排放单位名称	
统一社会信用代码	
排污许可证编号*1	
单位性质（营业执照）	
法定代表人姓名	
注册日期	
注册资本（万元人民币）	
注册地址	
生产经营场所地址及邮政编码（省、市、县详细地址）	
报告联系人	
联系电话	
电子邮箱	
报送主管部门	
行业分类	发电行业
纳入全国碳市场的行业子类*2	4411（火力发电） 4412（热电联产） 4417（生物质能发电）
生产经营变化情况	至少包括： a）重点排放单位合并、分立、关停或搬迁情况； b）发电设施地理边界变化情况； c）主要生产运营系统关停或新增项目生产等情况； d）较上一年度变化，包括核算边界、排放源等变化情况

填报说明：

*1 重点排放单位涉及多个排污许可证的，应列出全部排污许可证编号信息。

*2 行业代码应按照国家统计局发布的国民经济行业分类 GB/T 4754 要求填报。自备电厂不区分行业，发电设施参照电力行业代码填报。掺烧化石燃料燃烧的生物质发电设施需填报，纯使用生物质发电的无须填报。

附表 C.2　机组及生产设施信息

机组名称	信息项			填报内容
1#机组*1	燃料类型*2			（示例：燃煤、燃油、燃气）
	燃料名称			（示例：无烟煤、柴油、天然气）
	机组类型*3			（示例：热电联产机组，循环流化床）
	装机容量（MW）*4			（示例：630）
	燃煤机组	锅炉	锅炉名称	（示例：1#锅炉）
			锅炉类型	（示例：煤粉炉）
			锅炉编号*5	（示例：MF 001）
			锅炉型号	（示例：HG-2030/17.5-YM）
			生产能力	（示例：2 030 t/h）
		汽轮机	汽轮机名称	（示例：1#）
			汽轮机类型	（示例：抽凝式）
			汽轮机编号	（示例：MF 002）
			汽轮机型号	（示例：N 630-16.7/538/538）
			压力参数*6	（示例：中压）
			额定功率	（示例：630）
			汽轮机排汽冷却方式*7	（示例：水冷-开式循环）
		发电机	发电机名称	（示例：1#）
			发电机编号	（示例：MF 003）
			发电机型号	（示例：QFSN-630-2）
			额定功率	（示例：630）
	燃气机组	名称/编号/型号/额定功率		
	燃气蒸汽联合循环发电机组（CCPP）	名称/编号/型号/额定功率		
	燃油机组	名称/编号/型号/额定功率		
	整体煤气化联合循环发电机组（IGCC）	名称/编号/型号/额定功率		
	其他特殊发电机组	名称/编号/型号/额定功率		
……				

填报说明:

*1 按发电机组进行填报,如果机组数多于 1 个,应分别填报。对于 CCPP,视为一台机组进行填报。合并填报的参数计算方法应符合本指南要求。同一法人边界内有两台或两台以上机组的,在产出相同(都为纯发电或者都为热电联产)、机组压力参数相同、装机容量等级相同、锅炉类型相同(如都是煤粉炉或者都是流化床锅炉)、汽轮机排汽冷却方式相同(都是水冷或空冷)等情况下:

a) 如果为母管制或其他情形,燃料消耗量、供电量或者供热量中有任意一项无法分机组计量的,可合并填报;

b) 如果仅有低位发热量或单位热值含碳量无法分机组计量的,可采用相同数值分机组填报;

c) 如果机组辅助燃料量无法分机组计量的,可按机组发电量比例分配或其他合理方式分机组填报。

*2 燃料类型按照燃煤、燃油或者燃气划分,可采用机组运行规程或铭牌信息等进行确认。

*3 对于燃煤机组,机组类型是指纯凝发电机组、热电联产机组,并注明是否循环流化床机组、IGCC 机组;对于燃气机组,机组类型是指 B 级、E 级、F 级、H 级、分布式。

*4 以发电机容量作为机组装机容量,可采用机组运行规程等进行确认,应与当年排污许可证载明信息一致。

*5 锅炉、汽轮机、发电机等主要设施的编号统一采用排污许可证中对应编码。编码规则符合 HJ 608 要求。

*6 对于燃煤机组,压力参数是指中压、高压、超高压、亚临界、超临界、超超临界。

*7 汽轮机排汽冷却方式,可采用机组运行规程或铭牌信息等进行填报。冷却方式为水冷的,应明确是否为开式循环或闭式循环;冷却方式为空冷的,应明确是否为直接空冷或间接空冷。对于背压机组、内燃机组等特殊发电机组,仅需注明,不填写冷却方式。

附表 C.3　化石燃料燃烧排放表

机组*1	参数*2*3	单位	1月 2月 3月	第一季度	4月 5月 6月	第二季度	7月 8月 9月	第三季度	10月 11月 12月	第四季度	全年*4
1#机组（燃料）	A 燃料消耗量	t或10⁴Nm³		（合计值）		（合计值）		（合计值）		（合计值）	（合计值）
	B 燃料低位发热量	GJ/t或GJ/10⁴Nm³		（加权平均值）		（加权平均值）		（加权平均值）		（加权平均值）	（加权平均值）
	C 收到基元素碳含量	tC/t		（加权平均值）		（加权平均值）		（加权平均值）		（加权平均值）	（加权平均值）
	D=A×B 燃料热量	GJ		（计算值）		（计算值）		（计算值）		（计算值）	（计算值）
	E=C/B 单位热值含碳量	tC/GJ		（加权平均值）		（加权平均值）		（加权平均值）		（加权平均值）	（加权平均值）
	F 碳氧化率	%		（缺省值）		（缺省值）		（缺省值）		（缺省值）	（缺省值）
	G=A×B×F× 44/12 化石燃料燃烧排放量	tCO₂		（计算值）		（计算值）		（计算值）		（计算值）	（计算值）
……											

填报说明：

*1 如果机组数多于1个，应分别填报。对于有多种燃料类型的，按不同燃料类型数分机组进行填报。

*2 燃料消耗量应与低位发热量状态匹配，月度低位发热量由每日的入炉煤量和每日入炉煤量加权计算得到，或每批次入厂煤量加权计算得到。对于燃料低位发热量、单位热值含碳量，如果存在个别月度缺失的情况，按照标准要求取缺

低位发热量和每批次入厂煤量加权计算得到。

省值。未采用入炉煤数据进行计算的，应在排放报告中说明原因。

*3 各参数按四舍五入保留小数位如下：

a) 燃煤、燃油消耗量单位为 t，燃气消耗量单位为 10^4Nm^3，保留到小数点后两位；

b) 燃煤、燃油低位发热量单位为 GJ/t，燃气低位发热量单位为 $GJ/10^4Nm^3$，保留到小数点后三位；

c) 收到基元素碳含量单位为 tC/t，保留到小数点后四位；

d) 热量单位为 GJ，保留到小数点后三位；

e) 单位热值含碳量单位为 tC/GJ，保留到小数点后五位；

f) 化石燃料燃烧排放量单位为 tCO_2，保留到小数点后两位。

*4 至少提供下述必要的支撑材料：

a) 对于燃料消耗量，提供每日每月消耗量原始记录或台账；

b) 对于燃料消耗量，提供月度年度生产报表；

c) 对于燃料消耗量，提供每月度年度燃料购销存记录；

d) 对于自行检测的燃料低位发热量，提供每日/每月燃料检测记录或煤质分析原始记录（含低位发热量、挥发分、灰分、含水量等数据）；

e) 对于委托检测的燃料低位发热量，提供有资质的机构出具的检测报告；

f) 对于每月进行加权计算的燃料低位发热量，提供体现加权计算过程的 Excel 表；

g) 对于自行检测的燃料单位热值含碳量，提供每月单位热值含碳量检测原始记录；

h) 对于委托检测的燃料单位热值含碳量，提供有资质的机构出具的检测报告。

附表 C.4　购入使用电力排放表

机组*1	参数*2	单位	1月	2月	3月	第一季度	4月	5月	6月	第二季度	7月	8月	9月	第三季度	10月	11月	12月	第四季度	全年*5
1#机组	H 购入使用电量*3	MW·h				（合计值）				（合计值）				（合计值）				（合计值）	（合计值）
	I 电网排放因子	tCO₂/(MW·h)				（缺省值）				（缺省值）				（缺省值）				（缺省值）	（缺省值）
	J=H×I 购入电力排放量*4	tCO₂				（计算值）				（计算值）				（计算值）				（计算值）	（计算值）
……																			

填报说明：

*1 如果机组数多于 1 个，应分别填报。

*2 如果购入使用电量无法分机组，可按机组数目平分。

*3 购入使用电量单位为 MW·h，四舍五入保留到小数点后三位。

*4 购入使用电力对应的排放量单位为 tCO₂，四舍五入保留到小数点后两位。

*5 至少提供下述必要的支撑材料：

a) 对于购入使用电量，提供每月电量原始记录；

b) 对于购入使用电量，提供每月电费结算凭证（如适用）。

附表 C.5 生产数据及排放量汇总表

机组[*1]	参数[*2][*3]	单位	1月	2月	3月	第一季度	4月	5月	6月	第二季度	7月	8月	9月	第三季度	10月	11月	12月	第四季度	全年[*4]
1#机组	K	发电量	MW·h				（合计值）				（合计值）				（合计值）				（合计值）	（合计值）
	L	供电量	MW·h				（合计值）				（合计值）				（合计值）				（合计值）	（合计值）
	M	供热量	GJ				（合计值）				（合计值）				（合计值）				（合计值）	（合计值）
	N	供热比	%				（计算值）				（计算值）				（计算值）				（计算值）	（计算值）
	O	供电煤（气）耗	tce/（MW·h）或10⁴Nm³/（MW·h）				（计算值）				（计算值）				（计算值）				（计算值）	（计算值）
	P	供热煤（气）耗	tce/GJ或10⁴Nm³/GJ				（计算值）				（计算值）				（计算值）				（计算值）	（计算值）
	Q	运行小时数	h				（合计值或计算值）				（合计值或计算值）				（合计值或计算值）				（合计值或计算值）	（合计值或计算值）
	R	负荷（出力）系数	%				（计算值）				（计算值）				（计算值）				（计算值）	（计算值）
	S	供电碳排放强度	tCO₂/（MW·h）				（计算值）				（计算值）				（计算值）				（计算值）	（计算值）
	T	供热碳排放强度	tCO₂/GJ				（计算值）				（计算值）				（计算值）				（计算值）	（计算值）
	U=G+J	机组二氧化碳排放量	tCO₂				（计算值）				（计算值）				（计算值）				（计算值）	（计算值）

机组[1]	参数[2][3]	单位	1月	2月	3月	第一季度	4月	5月	6月	第二季度	7月	8月	9月	第三季度	10月	11月	12月	第四季度	全年[4]
······	全部机组二氧化碳排放总量	tCO_2				（合计值）				（合计值）				（合计值）				（合计值）	（合计值）

填报说明：

[1] 如果机组数多于 1 个，应分别填报。

[2] 属于下列情况之一的，不作为厂用电扣除：

a）新设备或大修后设备的烘炉、暖机、空载运行的电量；

b）新设备在未正式移交生产前的带负荷试运行期间耗用的电量；

c）计划大修以及基建、更改工程施工用的电量；

d）发电机组调相运行时耗用的电量；

e）厂外运输用自备机车、船舶等耗用的电量；

f）输配电用的升、降压变压器（不包括厂用变压器）、变波机、调相机等消耗的电量；

g）非生产用（修配车间、副业、综合利用等）的电量。

[3] 各参数按四舍五入保留小数点如下：

a）电量单位为 MW·h，保留到小数点后三位；

b）热量单位为 GJ，保留到小数点后两位；

c）焓值单位为 kJ/kg，保留到小数点后两位；

d）供热比以%表示，保留到小数点后两位，如 12.34%；

e）供电煤（气）耗单位为 tce/（MW·h）或 $10^4 Nm^3$/（MW·h），供热煤（气）耗单位为 tce/GJ 或 $10^4 Nm^3$/GJ，均保留到小数点后三位；

f）供电碳排放强度单位为 tCO_2/（MW·h），供热碳排放强度单位为 tCO_2/GJ，均保留到小数点后位；

g）机组二氧化碳排放量单位为 tCO_2，四舍五入保留整数。

*4 至少提供下述必要的支撑材料：

a）对于各项生产数据，提供每月电厂技术经济报表或生产报表；

b）对于各项生产数据，提供年度电厂技术经济报表或生产报表；

c）对于按照标准要求计算的供电量，提供体现计算过程的 Excel 表；

d）对于供热量涉及换算的，提供包括焓值换算参数的 Excel 计算表；

e）对于按照标准要求计算的供热比，提供体现计算过程的 Excel 表；

f）根据选取的供热比计算方法提供相关参数证据材料（如蒸汽量、给水量、蒸汽温度、蒸汽压力等）；

g）对于运行小时数和负荷（出力）系数，提供体现计算过程的 Excel 表。

附表 C.6　低位发热量和单位热值含碳量的确定方式

机组	参数	月份	自行检测				委托检测					未实测
			检测设备	检测频次	设备校准频次	测定方法标准	委托机构名称	检测报告编号	检测日期	测定方法标准	缺省值
1#机组	低位发热量	1月									
		2月									
		3月									
		……									
	单位热值含碳量	1月									
		2月									
		3月									
		……									
……											

索 引

（按拼音顺序排列）

参考文献

[1] 联合国政府间气候变化专门委员会. 气候变化 2013：自然科学基础[R]. IPCC，2013.

[2] 联合国政府间气候变化专门委员会. 气候变化 2014：综合报告[R]. IPCC，2014.

[3] 联合国政府间气候变化专门委员会.IPCC 全球升温 1.5℃特别报告[R]. IPCC，2018.

[4] 《中国电力百科全书》委员会，《中国电子百科全书》部. 中国电力百科全书（第三版）. 综合卷[M]. 北京：中国电力出版社，2014.

[5] 国家发展和改革委员会. 国家应对气候变化规划（2014—2020 年）[Z]. 2014-09-19.

[6] 生态环境部. 碳排放权交易管理办法（试行）（生态环境部令 第 19 号）. 2020. 12.

[7] 生态环境部. 2020 中国生态环境状况公报. 2021-05-26.

[8] 中国电力企业联合会. 中国电力行业年度发展报告[M]. 北京：中国建材工业出版社，2021.

[9] 戴彦德，康艳兵，熊小平. 碳交易制度研究[M]. 北京：中国发展出版社，2014.

[10] IPCC 国家温室气体清单特别工作组. 2006 年 IPCC 国家温室气体排放清单指南[M]. 日本：日本全球环境战略研究所，2006.

[11] 齐绍洲. 低碳经济转型下的中国碳排放权交易体系[M]. 北京：经济科学出版社，2016.

[12] 闫云凤. 中国碳排放权交易的机制设计与影响评估研究[M]. 北京：首都经济贸易大学出版社，2017.

[13] 中国气象报社.IPCC 第六次评估第一工作组报告发布[R]. 2021. 中国气象局，http://www.cma. gov. cn/2011xwzx/2011xqxxw/2011xqxyw/202108/t20210810_582634. html.

[14] 吴宏杰. 碳资产管理[M]. 北京：北京联合出版公司，2015.

[15] 孟早明，葛兴安，等. 中国碳排放权交易实务[M]. 北京：化学工业出版社，2016.

[16] 市场准备伙伴计划（PMR），国际碳行动伙伴组织（ICAP）. 碳排放交易实践手册：碳市场的设计与实施. 世界银行，华盛顿，2016.

[17] 国际碳行动伙伴组织（ICAP）. 全球碳市场进展：2021 年度报告执行摘要[R]. 柏林：

国际碳行动伙伴组织，2021.

[18] 北京市生态环境局，北京市统计局. 关于公布 2019 年北京市重点碳排放单位及报告单位名单的通知.

[19] 广州碳排放权交易所，北京市统计局. 2019 年度广东省碳排放配额分配实施方案解析.

[20] 欧盟委员会. 解除暂停在欧盟碳排放交易体系登记处与英国相关有关程序的规定，2020-1-31，https：//ec. europa. eu/clima/news/lifting-suspension-ukrelated-processes-union-registry-eu-ets_en.

[21] 欧盟委员会，理事会决议——授权开始与大不列颠及北爱尔兰联合王国谈判建立新的伙伴关系，2020-2-3，https：//ec. europa. eu/info/sites/info/files/communication-annex- negotiating-directives. pdf.

[22] 德国政府. 国家燃料排放证交易法（《燃料排放交易法案》——SESTA），2019-12-12，http://www. gesetze-im-internet. de/behg/BJNR272800019. html.

[23] 国际碳行动伙伴组织 ICAP 网站，https：//icapcarbonaction. com/en/news-archive/597-us-transportation- and-climate-initiative-tci-to-design-carbon-pricing-mechanism.

[24] 新西兰环境部. 新西兰碳排放交易机制改进提案，2019-12-19，https：//www. mfe. govt. nz/climate-change/proposed-improvements-nz-ets.

[25] 新西兰政府（EPA）. 首个履约期的京都减排量，2020，https：//www. epa. govt. nz/ industry-reas/emissions-tradingscheme/market-information/kyotounits-from-the-first-commitment-period/.

[26] 新西兰环境部. 针对农业排放的行动，2019-8-13，https：//www. mfe. govt. nz/consultation/actionagricultural-emissions.

[27] 韩国政府. 温室气体排放配额分配与交易法，2012.

后 记

　　碳排放权交易内部培训资料从 2018 年开始编制,曾在 2018 年 9 月全国碳排放权交易市场启动之际,用于政府、电力行业企业相关人员的培训工作。随着应对气候变化国内外形势的发展和全国碳市场建设的新进展,编写组对内部培训资料进行了完善,形成《碳排放权交易(发电行业)培训教材》(以下简称发电行业版)。2020 年底至 2021 年 3 月,由于全国碳市场建设的相关制度,如碳排放总量设定与分配方案、核算报告、核查指南相继公布,本教材在发电行业版基础上进行了相应修订和完善,根据编写工作的实际情况调整了部分编写组成员,增加了龙源(北京)碳资产管理技术有限公司、浙江菲达环保科技股份有限公司等的编写人员。